"十四五"普通高等教育机电类专业系列教材

单片机项目教程

荆 蕾 徐春明 刘晓明◎主编

中国铁道出版社有限公司
CHINA RAILWAY PUBLISHING HOUSE CO., LTD.

内 容 简 介

本书为"十四五"普通高等教育机电类专业系列教材之一，以51系列8051单片机为核心设计了23个项目，分为三部分：项目1～项目12探讨了基本型51单片机原理及各部件的使用；项目13～项目21介绍了常见外围设备在单片机系统中的应用；项目22和项目23是两个较为复杂的工程项目。

全书按照项目驱动的思路编写。每个项目根据覆盖知识点的多少，分为多个子项目，由问题导入、知识链接、项目实现等构成。项目实例丰富，理论知识比较全面，全部项目使用Proteus软件完成仿真，以方便学生在没有硬件的情况下快速学会单片机控制系统的开发。

本书适合作为普通高等院校电子信息类、电气类、自动化类等相关专业的教材，也可作为高等职业院校电子与信息大类专业的教材，还可作为单片机爱好者的参考书。

图书在版编目（CIP）数据

单片机项目教程/荆蕾，徐春明，刘晓明主编.—北京：
中国铁道出版社有限公司，2024.4
"十四五"普通高等教育机电类专业系列教材
ISBN 978-7-113-31030-1

Ⅰ.①单… Ⅱ.①荆… ②徐… ③刘… Ⅲ.①单片微型计算机-高等学校-教材 Ⅳ.①TP368.1

中国国家版本馆CIP数据核字（2024）第039544号

书　　名：单片机项目教程
作　　者：荆　蕾　徐春明　刘晓明

策　　划：何红艳　　　　　　　　　　　编辑部电话：(010)63560043
责任编辑：何红艳　绳　超
封面设计：郑春鹏
责任校对：苗　丹
责任印制：樊启鹏

出版发行：中国铁道出版社有限公司（100054，北京市西城区右安门西街8号）
网　　址：https://www.tdpress.com/51eds/
印　　刷：河北京平诚乾印刷有限公司
版　　次：2024年4月第1版　2024年4月第1次印刷
开　　本：787 mm×1 092 mm　1/16　印张：11.5　字数：302千
书　　号：ISBN 978-7-113-31030-1
定　　价：32.00元

版权所有　侵权必究

凡购买铁道版图书，如有印制质量问题，请与本社教材图书营销部联系调换。电话：(010) 63550836
打击盗版举报电话：(010) 63549461

前　言

　　习近平同志在中央人才工作会议上强调："要培养大批卓越工程师，努力建设一支爱党报国、敬业奉献、具有突出技术创新能力、善于解决复杂工程问题的工程师队伍。"工程教育专业认证非常重视学生"解决复杂工程问题"能力的培养。单片机是电类专业的专业基础课，是一门应用性、实践性很强的课程，将理论融入项目中，通过对项目的分析和实现，训练学生解决工程问题的能力，为以后从事高性能智能产品的开发奠定理论与实践基础，具有重要意义。

　　单片机种类繁多，按照内核的不同分为51系列、PIC系列、AVR系列等。其中，51系列单片机市场占有率高、技术资源丰富，在各领域得到了广泛应用。因此，本书以51系列单片机8051为核心，结合项目介绍其基本原理及应用知识，并使用Proteus 8完成所有项目的仿真设计，程序代码可登录中国铁道出版社教育资源数字化平台https://www.tdpress.com/51eds/下载。

　　单片机学习的门槛不高，贵在得法。笔者经过多年的教学发现，只有理论与实践相结合，学中做，做中学，该课程才能学得通、进步快。因而我们选择了项目驱动的方式编写本书，教与学都围绕项目展开，这样对培养学生的实践能力、问题分析与解决能力以及工程素养等方面都非常有效。

　　本书在选择项目时尽量保证较全面的知识覆盖，兼顾实用性、符合工程实际。外部中断、定时器、串行口等部件使用灵活，适当增加了项目数量；时钟芯片、温度传感器、电机、继电器等是工程中常用器件，也做了较全面的介绍；不同项目使用到相同器件时，尽量使用不同的编程方法，力求做到覆盖面大、重复率低，提高学习效率。

　　每个项目由学习目标、问题导入、知识链接、项目实现、习题、应用拓展等六部分构成：

　　（1）学习目标：明确每个项目的学习目标，帮助读者了解项目的重点和目的。

　　（2）问题导入：引出项目要解决的问题，激发学生的思考和兴趣，目标明确、有的放矢地投入学习。

　　（3）知识链接：提供项目相关的理论知识，帮助学生理解和解决问题，与项目耦合度不大的内容，尽量精简，以减轻学生实践的压力。

　　（4）项目实现：详细介绍如何完成项目，包括具体的步骤、代码示例等。

　　（5）习题：提供练习题目，巩固项目中所学知识。单片机技术的最大特点是可以通过修改程序来实现不同的功能，因此举一反三的能力必不可少。

（6）应用拓展：鼓励学生将所学知识应用到更广泛的领域，培养创新意识。

本书由荆蕾、徐春明、刘晓明主编，张昌州、刘美娟完成校订工作。编写过程中，作者参考了许多著作和网络资源，在此向相关作者表示感谢。

由于编者水平有限，书中难免存在不妥之处，殷切期望读者给予批评指正。联系邮箱：jinglei@yitsd.edu.cn。

编 者

2023 年 12 月

目 录

项目 1　单片机最小系统 ·· 1

项目 2　LED 跑马灯的设计 ·· 6

项目 3　LED 数码管静态显示 ·· 12

项目 4　LED 数码管动态显示 ·· 16

项目 5　独立按键的设计 ·· 19

项目 6　矩阵键盘的设计 ·· 23

项目 7　点阵 LED 的设计 ·· 29

项目 8　液晶显示 ·· 33

项目 9　中断系统应用设计 ·· 39

项目 10　定时器应用设计 ·· 47

项目 11　计数器应用设计 ·· 55

项目 12　串行通信的使用 ·· 62

项目 13　EEPROM 的应用 ·· 77

项目 14　DS1302 数字时钟的设计 ·· 89

项目 15　DS18B20 温度计的设计 ·· 97

项目 16　继电器的控制 ·· 108

项目 17　蜂鸣器的使用 ·· 111

项目 18　电机驱动 ·· 117

项目 19　A/D 转换器应用设计 ·· 126

项目 20　D/A 转换器应用设计 ·· 137

项目 21　并行接口扩展应用设计 ·· 148

项目 22　温控风扇的设计 ·· 154

项目23　涡流位移传感器的设计 …………………………………………………… 162
附录A　Proteus 8 使用简介 ……………………………………………………… 170
附录B　特殊功能寄存器列表 ……………………………………………………… 174
附录C　图形符号对照表 …………………………………………………………… 176
参考文献 ……………………………………………………………………………… 178

项目 1　单片机最小系统

单片机最小系统是指由最少元件组成的可以运行的系统,是构成其他系统的基础。最小系统上电之后,单片机可以正常复位、下载或运行程序,除此之外没有其他任何功能。如果能构建出最小系统,再根据项目需求依次添加其他功能模块或器件,单片机系统就可以千变万化,完成需求的功能。

学习目标

- 掌握单片机最小系统的构成。
- 掌握晶振电路、复位电路的设计。
- 理解引脚的作用、识记单片机部分引脚的标识和功能。
- 理解构成最小系统的意义,建立模块化设计的思维方式。

问题导入

对于 8051 单片机,其内部已经包含了一定数量的程序存储器和数据存储器,只要在外部增加电源电路、时钟电路、复位电路,并对特殊引脚做相应处理即可构成单片机最小系统,通过学习自己能画出 51 系列单片机最小系统原理图。

知识链接

1. 51 系列单片机内部结构

以 8051 单片机为例,内部结构包括 CPU、振荡器和时钟电路、存储器(ROM、RAM)、定时/计数器、并行 I/O 口、串行口、总线扩展控制器、中断系统等部分,如图 1-1 所示。

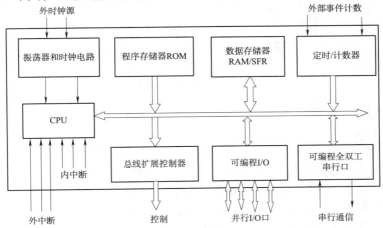

图 1-1　51 系列单片机内部结构

①CPU:8 位,是单片机的核心,包括运算器和控制器。完成从程序存储器中取指令、指令译码、指令执行等功能。

②振荡器和时钟电路:和外部晶振电路一起产生供单片机工作的时钟脉冲。

③片内程序存储器(ROM):容量 4 KB,存储程序代码和常数。

④片内数据存储器(RAM):共 256 B,低 128 B 存放运算中间结果、待调试的程序等。高 128 B 只有 21 个有定义,为特殊功能寄存器区。

⑤定时/计数器:T0 和 T1,2 个 16 位定时/计数器。

⑥并行 I/O 口:有 4 个 8 位的准双向并行 I/O 口,命名为 P0、P1、P2、P3。

⑦串口:有 1 个可编程全双工串行通信接口。

⑧中断系统:管理 5 个中断源。

2. 51 系列单片机引脚

引脚是单片机与外围设备通信的重要通道。HMOS 制作工艺的 51 系列单片机一般采用 40 个引脚的双列直插式(DIP)封装,如图 1-2 所示。引脚按照功能可以分为三类:

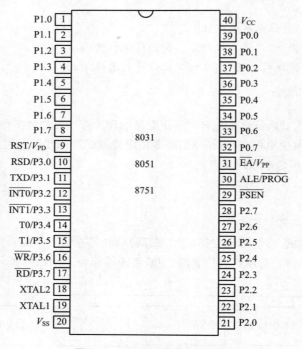

图 1-2　51 系列单片机引脚

1)电源及晶振引脚

V_{CC}:+5 V 电源引脚。

V_{SS}:接地引脚。

XTAL1、XTAL2:外接晶振引脚。需要和外接晶振、电容组成并联谐振回路,如图 1-3 所示。电容通常取 30 pF,帮助振荡器起振;晶振频率 f_{osc} 通常取 6~12 MHz,晶振频率越高,系统的时钟频率越高,单片机运行速度也越快。

单片机系统是同步时序电路,电路所有器件应在唯一

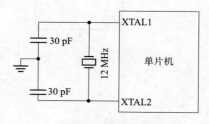

图 1-3　晶振电路

的时钟信号控制下严格地按时序进行工作。以晶振频率 12 MHz 为例,产生的时钟脉冲信号如图 1-4 所示。

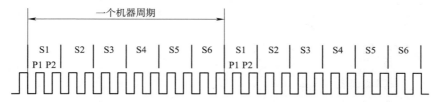

图 1-4 单片机工作的时钟脉冲信号

时钟周期 $T = \dfrac{1}{f_{osc}} = \dfrac{1}{12 \text{ MHz}} = 0.083\ 3\ \mu s$。

完成一次基本操作所需花费的时间为 1 个机器周期,由 12 个时钟周期构成,即

$$T_{机} = 12 \times T = 1\ \mu s$$

衡量单片机的工作,还有一个时间单位为指令周期,是指执行一条指令所需要的时间。根据指令的不同,指令周期可以由 1~4 个机器周期组成。

2) 控制引脚

$\overline{\text{PSEN}}$:片外 ROM 读选通信号输出端,低电平有效。

$\overline{\text{EA}}$:访问外部 ROM 控制信号,低电平有效。

ALE:地址锁存使能引脚。由于 P0 口分时复用作地址总线低 8 位和数据总线,因而输出地址的时候需要使用锁存器锁存。ALE 引脚在每个机器周期输出两次高电平信号,变为低电平瞬间控制锁存器锁住出现在 P0 口的低 8 位地址。

RST:复位引脚,该引脚输入 2 个机器周期的高电平即可使单片机复位。如图 1-5(a)所示,利用电容的充电实现在 RST 引脚输入 2 个机器周期的高电平。图 1-5(b)实现了上电复位和按键复位的结合,最为常用。按键时,利用电阻的分压,给 RST 引脚送入高电平。复位后单片机回到初始状态运行,复位后特殊功能寄存器的状态见表 1-1。

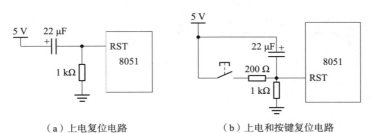

(a) 上电复位电路 (b) 上电和按键复位电路

图 1-5 复位电路

表 1-1 复位后特殊功能寄存器的状态

特殊功能寄存器	初始状态	特殊功能寄存器	初始状态
PC	0000H	TMOD	00H
A	00H	TCON	00H
B	00H	TH0	00H

续表

特殊功能寄存器	初始状态	特殊功能寄存器	初始状态
PSW	00H	TL0	00H
SP	07H	TH1	00H
DPTR	0000H	TL1	00H
P0～P3	FFH	SBUF	不定
IP	＊＊＊00000B	SCON	00H
IE	0＊＊00000B	PCON	0＊＊＊＊＊＊＊B

注：表中＊代表随机状态。

3）并行口引脚

共有 4 个并行口，对应着特殊功能寄存器 P0、P1、P2、P3，每个并行口有 8 个引脚，用 P0.0～P0.7、P1.0～P1.7、P2.0～P2.7、P3.0～P3.7 表示。

项目实现

8051 单片机片内有 4 KB ROM，可以存储程序代码，只需要添加晶振电路和复位电路即可构成最小系统，如图 1-6 所示。如果使用片内没有 ROM 的单片机，如 8031，则需要额外添加 ROM 芯片。

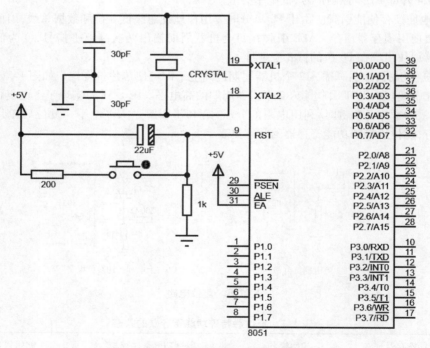

图 1-6　51 系列单片机最小系统原理图[①]

---

① 书中部分电路图为 Proteus 软件中的原图，其中一些图形符号与国家标准符号不一致，两者对照关系见附录 C。仿真电路中 1k 即 1 kΩ，22uF 即 22 μF，下同。

每个单片机系统中都需要这部分电路,在后续项目原理图中,晶振电路和复位电路不再重复绘制和说明。

习题

请尝试使用 Proteus 建立单片机的最小系统,观察单片机不同引脚的状态。

应用拓展

单片机最小系统是众多设计中的最小组成部分,功能简洁但很关键。在做复杂系统设计时,应注意采用模块化的思维方式,将系统分解成小的模块,并设计好模块之间的接口,逐块实现,最终完成系统的设计。

项目 2　LED 跑马灯的设计

跑马灯在生活中有广泛的应用,如庆典彩灯、商业展示牌、建筑装饰灯等。通过改变 LED 的位置、颜色、点亮方式可以呈现出不同的效果,为各行各业带来更多创意和视觉体验。

学习目标

- 掌握 LED 跑马灯的驱动原理和电路设计方法。
- 掌握并行口的使用。
- 了解 LED 的种类及参数,逐步掌握元器件选择的方法。

问题导入 1

如图 2-1 所示,P2 口连接 8 个发光二极管,编程实现跑马灯效果。要求每次只点亮一个发光二极管,按照 D1→D2→……→D8→D1→D2→……顺序依次点亮,无限循环,灯的点亮时间间隔为 100 ms。

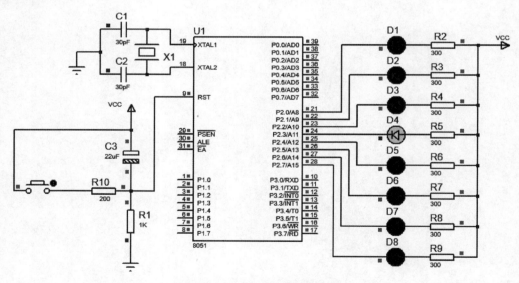

图 2-1　LED 跑马灯电路原理图

知识链接 1

1. 并行口

8051 单片机有 4 个 8 位的准双向并行 I/O 口,分别记为 P0、P1、P2、P3,每个端口有一个同名的特殊功能寄存器(由 8 个 D 触发器构成的 8 位锁存器),对端口的控制可以通过控制特殊功寄存器实现。每个并行口有 8 个引脚。

P1 口功能最简单,仅作为准双向 I/O 口使用,有输出、读引脚、读锁存器三个不同功能。P1 口某引脚内部结构图如图 2-2 所示。

①输出:输出数据送至 P1 寄存器即可通过端口的各个引脚输出。例如:

P1 = 0x35; //通过 P1 口送出数据到引脚P1.0～P1.7

②读引脚:读引脚数据时需要先输出高电平将端口内部的场效应管 T2 截止再读入,避免因场效应管导通导致引脚输入被改变。这也是"准双向"I/O 口名称的由来,可以直接输出,但不能直接读入。例如:

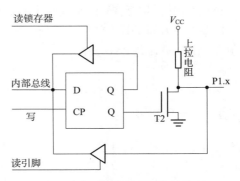

图 2-2　P1 口某引脚内部结构图

char i = 0;
P1 = 0xff;
i = P1;   //读入引脚的数据

③读锁存器:当单片机执行"读-改-写"类指令时,使用的是读锁存器方式,获得端口内 D 锁存器的锁存值并改写。例如:

P1++;   //端口寄存器内容读入,加1,输出到端口寄存器,同时送到引脚

P0 口有两个功能,可以作为准双向 I/O 口使用;当连接片外存储器或 I/O 口芯片时,也可以作为数据总线和地址总线的低 8 位。作为准双向 I/O 口时,与 P1 使用方法大致相同,不同点在于引脚为漏极开路输出,需要外接上拉电阻才能得到高电平输出信号。

P2 口可以作为准双向 I/O 口使用,同 P1。连接片外存储器或 I/O 口芯片时作为地址总线的高 8 位。

P3 口又称多功能口,可以作为准双向 I/O 口,每一个引脚又有第二功能,见表 2-1。

表 2-1　P3 口第二功能

引　脚	名　称	第二功能定义
P3.0	RXD	串行通信数据接收端
P3.1	TXD	串行通信数据发送端
P3.2	$\overline{INT0}$	外部中断 0 请求端
P3.3	$\overline{INT1}$	外部中断 1 请求端
P3.4	T0	定时/计数器 0 外部计数输入端
P3.5	T1	定时/计数器 1 外部计数输入端
P3.6	$\overline{WR}$	外部数据存储器写选通
P3.7	$\overline{RD}$	外部数据存储器读选通

2. 发光二极管

发光二极管(LED)是最基本的输出设备,电路简单、功耗低、寿命长,在单片机系统中经常作为指示灯使用。LED 的种类很多,参数也不尽相同。一般正向导通电压在 1.8～2.2 V,工作电流一般在 1~20 mA。通过 LED 的电流越大，LED 越亮。当电流超过 20 mA 时，LED 会有烧坏的危险。使用二极管时，要特别注意其电流参数的设计要求。

LED 与单片机的连接通常使用低电平驱动，电路中加装限流电阻，如图 2-3 所示。假设取特征值 2 V、10 mA，则限流电阻阻值为

$$R = [(5-2)/0.01] \ \Omega = 300 \ \Omega$$

实际设计中会预留一定的安全系数，一般选用 470 Ω 的电阻限流。

项目实现 1

程序流程图如图 2-4 所示。点亮 D1，P2 口送出的数值应为 11111110B；点亮 D2，P2 口送出的数值应为 11111101B。依次类推，只需设初值为 0xfe，每次左移 1 位从 P2 口送出即可。代码如下：

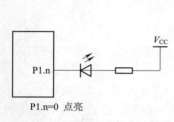

图 2-3　LED 与 I/O 口的连接

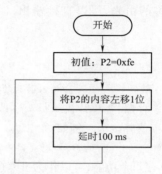

图 2-4　程序流程图

```
#include <reg51.h>
#include <intrins.h>            //包含移位库函数的头文件
void delay(unsigned int  time)  //定义延时函数
{unsigned char i,j;
    for(i=1;i<=time;i++)
        for(j=1;j<=125;j++);
}
void main(void)
{
    unsigned char i;
    P2=0xfe;                    //P2 初值,对应于 D1 亮,其余灭
    while(1)                    //无限循环
    {
        P2=_crol_(P2,1);        //将 P2 左循环 1 位,注意区分 C 语言中的"<<"运算符
        delay(100);             //延时约 100 ms
    }
}
```

习题 1

道路两边有很多景观灯，每到夜晚，不同颜色的景观灯轮流点亮，将树层映射出各种颜色，非

常漂亮,如图 2-5 所示。设计一个树层景观灯的模拟系统,假设每种颜色的灯有 2 个,共 4 种不同的颜色,每次点亮一种颜色,隔 1 000 ms 切换一次,循环不止。

图 2-5 树层景观灯

问题导入 2

如图 2-6 所示,P2 口连接 4 线-16 线译码器 74HC154,其输出驱动 16 个发光二极管,编程实现跑马灯效果。要求每次只点亮一个发光二极管,按照由上到下顺序依次点亮,无限循环,灯的点亮时间间隔为 100 ms。

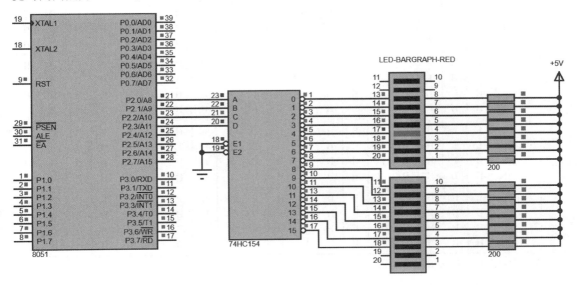

图 2-6 74HC154 驱动的跑马灯

知识链接 2

74HC154 是 4 线-16 线译码器,可接收 4 位高有效二进制地址输入,并提供 16 个互斥的低有效输出。引脚和功能图如图 2-7 所示,功能真值表见表 2-2。

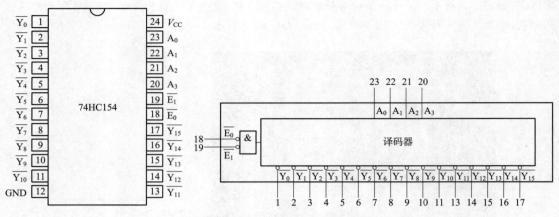

图 2-7 74HC154 引脚和功能图

表 2-2 74HC154 功能真值表

$\overline{E_0}$	$\overline{E_1}$	A_0	A_1	A_2	A_3	$\overline{Y_0}$	$\overline{Y_1}$	$\overline{Y_2}$	$\overline{Y_3}$	$\overline{Y_4}$	$\overline{Y_5}$	$\overline{Y_6}$	$\overline{Y_7}$	$\overline{Y_8}$	$\overline{Y_9}$	$\overline{Y_{10}}$	$\overline{Y_{11}}$	$\overline{Y_{12}}$	$\overline{Y_{13}}$	$\overline{Y_{14}}$	$\overline{Y_{15}}$
H	H	×	×	×	×	H	H	H	H	H	H	H	H	H	H	H	H	H	H	H	H
H	L	×	×	×	×	H	H	H	H	H	H	H	H	H	H	H	H	H	H	H	H
L	H	×	×	×	×	H	H	H	H	H	H	H	H	H	H	H	H	H	H	H	H
L	L	L	L	L	L	L	H	H	H	H	H	H	H	H	H	H	H	H	H	H	H
L	L	H	L	L	L	H	L	H	H	H	H	H	H	H	H	H	H	H	H	H	H
L	L	L	H	L	L	H	H	L	H	H	H	H	H	H	H	H	H	H	H	H	H
L	L	H	H	L	L	H	H	H	L	H	H	H	H	H	H	H	H	H	H	H	H
L	L	L	L	H	L	H	H	H	H	L	H	H	H	H	H	H	H	H	H	H	H
L	L	H	L	H	L	H	H	H	H	H	L	H	H	H	H	H	H	H	H	H	H
L	L	L	H	H	L	H	H	H	H	H	H	L	H	H	H	H	H	H	H	H	H
L	L	H	H	H	L	H	H	H	H	H	H	H	L	H	H	H	H	H	H	H	H
L	L	L	L	L	H	H	H	H	H	H	H	H	H	L	H	H	H	H	H	H	H
L	L	H	L	L	H	H	H	H	H	H	H	H	H	H	L	H	H	H	H	H	H
L	L	L	H	L	H	H	H	H	H	H	H	H	H	H	H	L	H	H	H	H	H
L	L	H	H	L	H	H	H	H	H	H	H	H	H	H	H	H	L	H	H	H	H
L	L	L	L	H	H	H	H	H	H	H	H	H	H	H	H	H	H	L	H	H	H
L	L	H	L	H	H	H	H	H	H	H	H	H	H	H	H	H	H	H	L	H	H
L	L	L	H	H	H	H	H	H	H	H	H	H	H	H	H	H	H	H	H	L	H
L	L	H	H	H	H	H	H	H	H	H	H	H	H	H	H	H	H	H	H	H	L

注:H 表示高电平;L 表示低电平;×表示任意。

项目实现 2

74HC154 的 16 个输出中每次只会有一个引脚为低电平,可点亮一个发光二极管。实现发光二极管由上至下依次点亮,只需 74HC154 的输入端按照 0～F 依次变化,使输出端从 $\overline{Y_0}$ 到 $\overline{Y_{15}}$ 依次为低电平。代码如下:

```c
#include <reg52.h>
#define uint unsigned int
#define uchar unsigned char
void delay(unsigned int  time)           //定义延时函数

{unsigned char i,j;
    for(i=1;i<=time;i++)
        for(j=1;j<=125;j++);
}
void main()
{
    while(1)
    {
       P2 = (P2+1)%16;                   //P2 口的数值保持在 0~15 之间
       delay(100);                       //延时 100 ms
    }
}
```

问题 2 的设计方法与问题 1 相比较,增加了一个译码器,但节约了 I/O 口。单片机的 4 个并行口中,P0、P2 口常用作地址和数据总线,P3 口常用作中断、定时器等第二功能,能够作为普通 I/O 口用的只剩 P1 口。当外设要求并行数据驱动,而单片机并行口不足时,问题 2 这种解决方法就显示出其优势。

习题 2

请使用问题 2 的解决方案,尝试设计电路,驱动 32 个发光二极管完成跑马灯设计。

应用拓展

LED 应用场景非常多,如设备指示灯、呼吸灯、景观灯、红绿灯等,设计思路大同小异。

LED 与单片机 I/O 口连接时,通常采用低电平驱动。图 2-8 所示的高电平驱动方式是否可以呢?P1~P3 口的每个引脚允许的最大灌电流为 10 mA,每个端口允许灌入的总电流最大为 15 mA。P0 口驱动能力最强,允许灌入的电流最大为 26 mA,全部 4 个并行口所允许的最大灌电流之和为 71 mA。然而各引脚输出高电平时,输出电流不到 1 mA,不足以点亮 LED,所以通常采用低电平驱动,灌电流方式连接。

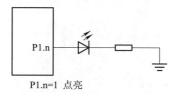

图 2-8 高电平驱动方式

单片机系统设计是硬件和软件相结合的,设计时不仅要考虑程序是否能够实现所需功能,还要考虑器件之间的连接是否合理,电子学基础在电路设计中非常重要。

项目 3　LED 数码管静态显示

LED 数码管(LED segment display)是由多个发光二极管封装在一起组成的"8"字形器件,加上小数点一共 8 段。将所有发光二极管的一端连接在一起,引出作为公共端 COM,另外一端分别用字母 a、b、c、d、e、f、g、dp 来表示,构成段码端。

学习目标

- 掌握 LED 数码管的显示原理。
- 掌握静态显示的驱动方法。

问题导入

如图 3-1 所示,P2、P3 口分别连接 2 位共阳极七段 LED 数码管,编写程序使数码管循环显示 00~99 的数字。

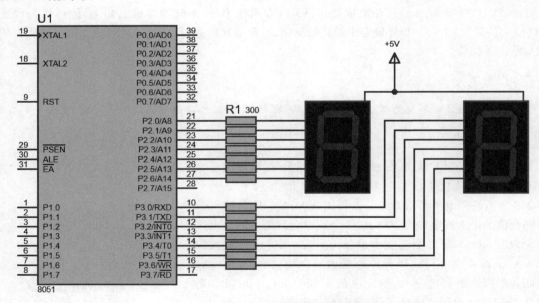

图 3-1　LED 数码管静态显示原理图

知识链接

LED 数码管结构简单、显示亮度高、反应快、驱动方便,常用在设备中显示数字或简单字符。LED 数码管常见的分类方法有两种:按照其 COM 端的连接,可分为共阳极和共阴极。以共阳极为例,显示时其 COM 端应连接高电平,送入的段码决定了其显示的数值;按照段码位数,可以分为七段和八段,八段可以显示小数点,如图3-2所示。

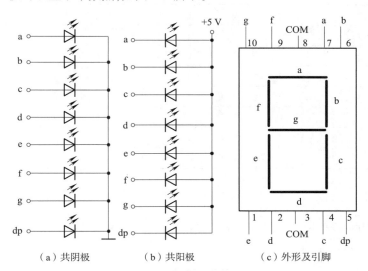

(a) 共阴极　　(b) 共阳极　　(c) 外形及引脚

图3-2　八段数码管内部结构及引脚

1. 数码管驱动方法

使用单片机的并行口可以驱动数码管显示,有动态显示和静态显示之分。静态显示如图3-1所示,一个并行口驱动1位数码管,只需送入一次段码,字形便会保持不变。这种方法占用CPU时间少,便于控制,但并行口资源占用较多。

2. 段码值的计算

驱动数码管显示首先要求出每一个字符对应的段码,例如共阴极数码管显示5时,acdfg引脚要送入高电平,段码应为0x6D,如图3-3所示。因为段码没有规律可循,多存放在字符型数组中。例如,八段共阴极数码管显示0~9的段码数组为 led_mod[10] = {0x3f,0x06,0x5b,0x4f,0x66,0x6d,0x7d,0x07,0x7f,0x6f},见表3-1。

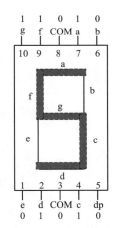

图3-3　"5"对应的段码

表3-1　共阴极数码管段码

显示字符	g	f	e	d	c	b	a	十六进制
0	0	1	1	1	1	1	1	3F
1	0	0	0	0	1	1	0	06
2	1	0	1	1	0	1	1	5B
3	1	0	0	1	1	1	1	4F
4	1	1	0	0	1	1	0	66
5	1	1	0	1	1	0	1	6D
6	1	1	1	1	1	0	1	7D
7	0	0	0	0	1	1	1	07
8	1	1	1	1	1	1	1	7F

续表

显示字符	g	f	e	d	c	b	a	十六进制
9	1	1	0	1	1	1	1	6F
A	1	1	1	0	1	1	1	77
b	1	1	1	1	1	0	0	7C
c	0	1	1	1	0	0	1	39
d	1	0	1	1	1	1	0	5E
E	1	1	1	1	0	0	1	79
F	1	1	1	0	0	0	1	71

项目实现

题目中显示 00～99 的数字，需分离出个位和十位，求出各自对应的段码，送至对应端口。程序流程如图 3-4 所示。

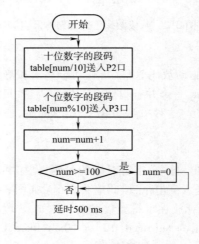

图 3-4　程序流程图

代码如下：

```c
#include <reg51.h>
unsigned char table[10] = {0xc0,0xf9,0xa4,0xb0,0x99,0x92,0x82,0xf8,0x80,0x90};
void delay(unsigned int del)
{
    unsigned int i,j;
    for(i=0; i<del; i++)
        for(j=0; j<125; j++) ;
}
void main(void)
{
    unsigned char num = 0;
```

```
    while(1)
    {
        P2 = table[num/10];          //num/10 求出十位数字
        P3 = table[num%10];          //num%10 求出个位数字
        num = (num + 1)% 100;        //保持 num 在 0~99 之间
        delay(500);                  //延时 0.5 s
    }
}
```

习题

编写程序,使图 3-5 中的数码管初始值显示 8;按下 K1 键,显示 0;按下 K2 键,显示的数值减 1;按下 K3 键,显示的数值加 1。

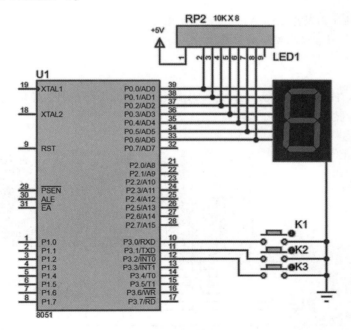

图 3-5　习题原理图

应用拓展

送至数码管的段码不仅与显示的字符、共阳极或共阴极有关,还与单片机和数码管段码端的连接方法有关。电路连接不同,求得的段码值可能不同。

项目 4　LED 数码管动态显示

　　LED 数码管静态显示的显示亮度高、稳定,CPU 效率高。动态显示则完全不同,它将多位数码管的段码端共同连接到一个并行口上,公共端分别控制,利用人眼的视觉暂留现象,通过不断刷新每一位数码管上显示的数字,达到看起来长亮的效果。动态显示占用资源少,在数码管较多的系统中比较常用。但动态刷新的特点会导致占用 CPU 时间长,效率低。

学习目标

- 掌握静态显示与动态显示的区别。
- 掌握 LED 数码管动态显示的驱动原理。

问题导入

　　如图 4-1 所示,使用 P0 口驱动数码管段码端,P2 口的低 4 位分别选择每一位数码管,使 4 位共阳极数码管循环显示 0～9999 的数字。

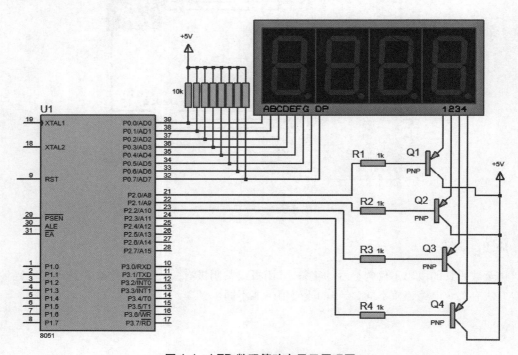

图 4-1　LED 数码管动态显示原理图

知识链接

视觉暂留现象又称余晖效应。对于快速运动的物体,当人眼所看到的影像消失后,人眼仍能继续保留其影像 0.1~0.4 s,这一现象称为视觉暂留。跑马灯、电影等都是利用该特性实现的。

动态显示需要逐位轮流点亮各数码管,因此要考虑每一位点亮的保持时间和刷新间隔时间。保持时间太短,发光太弱,人眼无法看清;保持时间太长,则间隔时间也将变长,超过了视觉暂留时间,看到的数字会闪烁。推荐刷新间隔时间不要超过 40 ms。

由于视觉暂留现象,动态显示过程中,进行片选切换需要将上次显示的内容清空,否则会导致当前数码管中出现上一次内容的余影,使显示模糊,这个操作称为"消隐"。消隐的常用方法有如下两种:

(1)在数码管片选信号切换前,先向段传送"不亮"字形码,然后再进行切换和正常传递新段码。

(2)禁止所有片选信号,将新段码传递后再进行新的片选。

项目实现

由于单片机 I/O 口驱动能力有限,P2 口引出的位选引脚需要加小功率晶体管或者 74LS573 等芯片提高驱动能力。程序流程图如图 4-2 所示。

代码如下:

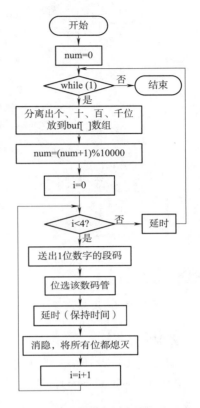

图 4-2 程序流程图

```
#include <reg51.h>
#include <intrins.h>            //_crol_()函数在该头文件中声明
unsigned char code disp[] = {0xc0,0xf9,0xa4,0xb0,0x99,0x92,0x82,0xf8,0x80,0x90};
void delayms(unsigned int x)    //毫秒延时函数
{
    unsigned char j;
    while(x--)                  //非0,为真,即 x=0 时退出循环
        for(j=0;j<125;j++);
}
void main(void)                 //主程序
{
    unsigned int num = 0;       //要显示的数字。如果要显示其他内容,只要修改 num 即可
    unsigned char buf[4] = {0},i; //buf[4]数组中存放 num 的千、百、十、个位
    while(1)
    {
        buf[3] = num%10;        //个位
```

```
                buf[2] = num%100/10;              //十位
                buf[1] = num%1000/100;            //百位
                buf[0] = num/1000;                //千位
                num = (num+1)%10000;              //限制num的数值不超过10 000
                for(i=0;i<4;i++)
                {
                    P0 = dispcode[buf[i]];        //送出数字的段码
                    P2 = _crol_(0xfe,i);          //位选
                    delayms(5);
                    P2 = 0xff;                    //消隐
                }
                delayms(20);
            }
        }
```

习题

编写程序,使用动态显示法驱动 2 位数码管显示数字 58。

应用拓展

显示模块在设计中经常使用,为了方便,经常写成函数的形式。下列程序中定义了 void display(unsigned int num)函数,可以供主程序调用,完成 4 位数码管显示数字 num。

```
        void display(unsigned int num)
        {
            unsigned char buf[4]={0},i;
            buf[3] = num%10;                  //个位
            buf[2] = num%100/10;              //十位
            buf[1] = num%1000/100;            //百位
            buf[0] = num/1000;                //千位
            for(i=0;i<4;i++)
            {
                P0 = dispcode[buf[i]];
                P2 = _crol_(0xfe,i);
                delayms(5);
                P2 = 0xff;                    //消隐
            }
            delayms(20);
        }
```

项目 5　独立按键的设计

在单片机应用系统中,除了复位按键有专门的复位电路及专一的复位功能外,其他按键都是要判断开关状态来确定控制功能或输入数据。当所设置的功能键或数字键按下时,应用系统应完成该按键所设定的功能。

学习目标

- 掌握独立按键电路的设计。
- 掌握独立按键的防抖设计。
- 掌握多个独立按键处理的分支程序设计方法。

问题导入

如图 5-1 所示,P2 口连接有 4 个 LED,使用 P0 口连接的 4 个独立按键选择 LED 闪烁效果。按下 K1 键,熄灭所有 LED;按下 K2 键,点亮所有 LED;按下 K3 键,LED 从上到下依次点亮并循环;按下 K4 键,LED 从下到上依次点亮并循环。

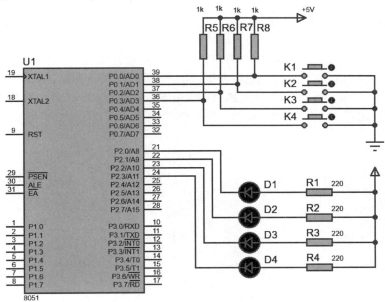

图 5-1　LED 模式选择电路原理图

知识链接

按键是机械元件,其外形如图 5-2 所示,4 个引脚内部两两相连,有效引脚只有 2 个。按键按下时,使其内部导通,将开关状态转换成电平的变化。

图 5-2　按键外形及内部结构图

按键电路的连接有两种情况,如图 5-3 所示。一种是独立式键盘,按键之间没有关联,各自与 I/O 口连接,常用于按键数量较少的设备;另一种是矩阵式键盘,按键跨接在行线和列线上,适合按键较多的设备。

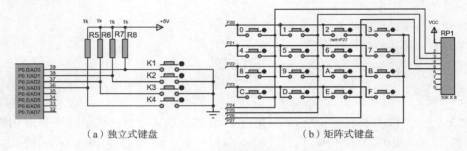

（a）独立式键盘　　　　　　　　　　　（b）矩阵式键盘

图 5-3　按键电路的连接

以独立式键盘为例,如图 5-3(a)所示。按键松开时,P0.0 引脚为高电平;按键按下后,P0.0 引脚为低电平。单片机可以通过检测电平的状态变化确定按键是否按下。

当按键按下或松开时,内部弹簧片机械振动会导致信号电平的暂时不稳定,即抖动,时间为 5～10 ms,如图 5-4 所示。抖动的干扰会导致低电平的多次误判,所以在按键处理过程中要进行消抖。消抖最常用的方法是软件延时,即检测到按键按下后先延时 10 ms,然后再检测,如果仍然为闭合状态,则可以认定为闭合,否则应作为误判处理,软件消抖流程如图 5-5 所示。

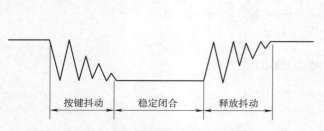

图 5-4　按键抖动产生的电压波动图

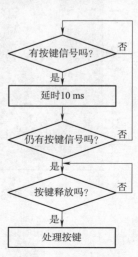

图 5-5　软件消抖流程

项目实现

按键处理流程如图5-6所示。key()函数的返回值为4个按键置位的标志位,无按键时,返回值为0;有按键时,返回值分别为1~4。主程序依据该标志位决定去执行哪一种LED切换模式。

该设计还需注意,使用P0口作为按键信号的输入端口时,由于P0口内部为漏极开路输出,因而需外接1 kΩ的上拉电阻,保证没有按键按下时,引脚上会输入高电平。

```
#include <reg51.h>
sbit KEY1 = P0^0;
sbit KEY2 = P0^1;
sbit KEY3 = P0^2;
sbit KEY4 = P0^3;
unsigned char led[] = {0xfe,0xfd,0xfb,0xf7};
                          //LED灯的花样数据
void delay(unsigned char time)    //延时函数
{
    unsigned int  j;
    for(;time>0;time--)
        for(j=0;j<125;j++);
}
/* 函数的返回值为0~4,无按键时,返回0;有按键时,分别返回1~4 */
unsigned char  key()
{
    if(KEY1==0||KEY2==0||KEY3==0||KEY4==0)
              //按位检测按键,直观烦琐,可用位运算替代
    {
        delay(10);//10 ms软件消抖
        if(KEY1==0)   return 1;
        if(KEY2==0)   return 2;
        if(KEY3==0)   return 3;
        if(KEY4==0)   return 4;
    }
    return 0;
}
void main()
{
    char i,temp;
    while(1)
    {
```

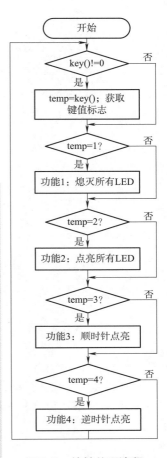

图5-6 按键处理流程

```
            if (key()!=0)                  //有键按下才会改变键值标志 temp
        temp = key();
        if(temp == 1)    P2 = P2 |0x0f;    //4 个 LED 全部熄灭
        if(temp == 2)    P2 = P2 &0xf0;    //4 个 LED 全部点亮
        if(temp == 3)                      //从上到下循环点亮模式
            for(i=0;i<=3;i++)
            {
                P2 = led[i];
                delay(100);
            }
        if(temp == 4)                      //从下到上循环点亮模式
            for(i=3;i>=0;i--)
            {
                P2 = led[i];
                delay(100);
            }
    }
}
```

习题

P0 口连接 3 个独立按键,即 K1、K2、K3,P2 口连接 3 个 LED,即 LED1、LED2、LED3,编写程序,分别用 3 个 LED 指示 3 个按键的状态。要求当 K1 按下时,LED1 点亮,其他两个熄灭,以此类推。

应用拓展

本项目中,LED 状态的切换会有滞后现象,这是因为单片机的 CPU 都是单核的,只能单任务运行,在 temp=3 或 temp=4 时程序都会运行较长时间,无法同时检测按键的状态变化。改变这一问题的最好方法是将键值的判断放在外部中断服务程序中。

设备的功能切换很多时候是因为输入引发的,该程序的设计思路比较常用:首先进行按键的检测,并置位相应标志位,之后查询标志位并执行对应功能。检测按键和功能执行可以写成两个独立的函数。该方法可以类比到其他的外设处理。

项目 6　矩阵键盘的设计

矩阵键盘采用行列式结构,能够有效地提高单片机系统中 I/O 口的利用率,节约单片机的资源,其本质和独立按键类似。处理方法通常是先判断按键在第几行、第几列,进而进行整体按键值的确定,之后完成功能实现。本项目中介绍两种查询按键值的方法:列扫描法和反转法。

学习目标

- 掌握矩阵键盘的电路设计原理。
- 掌握矩阵键盘按键信息读取的常用方法。

问题导入1

如图 6-1 所示,单片机 P2 口连接 4×4 矩阵键盘,P2.0~P2.3 作为行线,P2.4~P2.7 作为列线,按键跨接在行线和列线的交叉点上。P0 口和 P3 口分别驱动两个共阴极数码管 LED1 和 LED2。编写程序,获取按键所在行号和列号,行号在 LED1 显示,列号在 LED2 显示。行号和列号的范围都是 0~3。

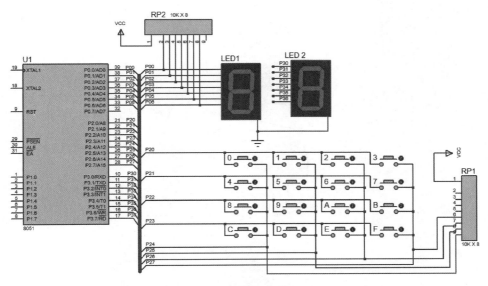

图 6-1　矩阵键盘电路原理图

知识链接1

多个按键独立使用时,每个按键占用 1 个 I/O 口,多键之间彼此独立,按键开合状态可以通过 I/O 口的高低电平读取,适合于按键数量较少的系统。按键数量多时常使用矩阵连接方法,按键

23

检测相对复杂,但硬件电路开销较小。

与独立按键的处理相似,矩阵键盘的程序设计包括如下两部分:

(1)按键检测,获取按键编号。

(2)按键处理。

按键检测有多种方法:行扫描法、列扫描法、反转法等,这里介绍列扫描法,如图 6-2 所示。P2 口低 4 位为 4 根行线,高 4 位为 4 根列线,共有 4×4=16 个按键。将 4 条行线输出高电平,依次将每一列送出低电平并读回 P2 口的数值,如低 4 位出现了低电平,则在该列有按键闭合,可以获取到列号。之后判断该列的哪一行有低电平,获知行号。按键检测流程如图 6-3 所示。

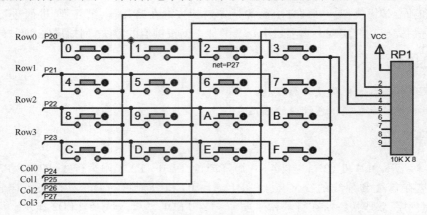

图 6-2 矩阵键盘结构图

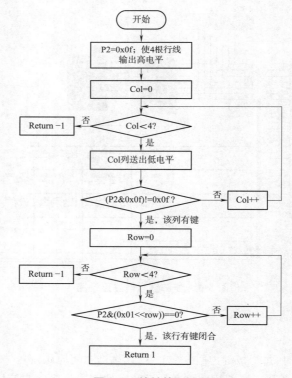

图 6-3 按键检测流程

项目实现 1

行线为高电平,每一列轮流输出低电平,形成列扫描码 0xef,0xdf,0xbf,0x7f 存放在字符数组中,数组中每个元素的下标即为列号。

矩阵键盘是常用的输入设备,通常将按键查询编写为独立的函数,通过键值与其他函数连接。

代码如下:

```c
#include <reg51.h>
char led_mod[ ] = {0x3f,0x06,0x5b,0x4f};        //显示 0~3 的段码
unsigned char row,col;              //将 row、col 作为全局变量在 main()和 GetKey()函数中使用
char GetKey(void)                   //无按键闭合返回-1;有按键闭合返回1
{
    char key_scan[ ] = {0xef,0xdf,0xbf,0x7f};   //列扫描码
    for(col=0;col<4;col++)          //判断按键所在的行列号,col 为列号,row 为行号
    {
        P2 = key_scan[col];                     //P2 送出列扫描码
        if((P2&0x0f)!=0x0f)                     //判断该列有无按键闭合
        {
            for(row=0;row<4;row++)              //判断按键在哪一行,得到行号 row
                if((P2&(0x01<<row))==0)
                    return 1;                   //查找到闭合键,返回1
        }
    }
    return -1;                                  //无键闭合,返回-1
}
void main(void)
{
    char key = 0;
    P0 = 0x00;P3 = 0x00;                        //开机黑屏
    while(1)
    {
        key = GetKey();     //key=1,则获得闭合键的行号、列号;key=-1,表明无按键闭合
        if(key!=-1)
        {
            P0 = led_mod[row];                  //显示闭合键所在行号
            P3 = led_mod[col];                  //显示闭合键所在列号
        }
    }
}
```

习题 1

编写程序,使用图 6-1 所示的 LED1 显示按键的编号,范围为 0~F。尝试使用行扫描法完成。

问题导入 2

如图 6-1 所示,将按键从 0 到 15 编号,使用 LED1 显示按键编码的十六进制形式。使用反转法完成。

知识链接 2

反转法扫描的步骤如下:

(1)将 P2.0~P2.3 输出高电平(4 行),P2.4~P2.7 输出低电平(4 列),即 P2 = 0x0f;读回 P2 口的数据,如果此时低 4 位出现了低电平,说明该行有按键按下。每行有按键按下时,对应 P2 口读回数据分别为 0x0E、0x0D、0x0B、0x07。

(2)将 P2.4~P2.7 输出高电平(4 列),P2.0~P2.3 输出低电平(4 行),即 P2 = 0xf0;读回 P2 口的数据,如果此时高 4 位出现了低电平,说明该列有按键按下。每列有按键按下时,对应 P2 口读回数据分别为 0xE0、0xD0、0xB0、0x70。

(3)将以上两步读回的数据进行或运算,在特征值数组中找到对应的位置,即按键号。

特征值数组如下,以 0xEE(11101110)为例,表示第 0 行、第 0 列有按键按下,其在 KEYCODE 数组中的元素位置为 0,即 0 号键按下。

```
unsigned char KEYCODE[ ]
={0xEE,0xDE,0xBE,0x7E,0xED,0xDD,0xBD,0x7D,0xEB,0xDB,0xBB,0x7B,0xE7,0xD7,0xB7,0x77};
```

项目实现 2

代码如下:

```c
#include <reg51.h>
#define SEGPORT P0
#define KEYPORT P2
//共阴极数码管显示按键号,段码
unsigned char code LEDCODE[ ] = {0x3f,0x06,0x5b,0x4f,0x66,0x6d,0x7d,0x07,0x7f,
0x6f,0x77,0x7c,0x39,0x5e,0x79,0x71,0x40};
//查找按键号的特征值数组,行和列与电路图一致
unsigned char KEYCODE[ ] = {0XEE,0XDE,0XBE,0X7E,0XED,0XDD,0XBD,0X7D,0XEB,0XDB,
0XBB,0X7B,0XE7,0XD7,0XB7,0X77};
//函数声明
void delayms(unsigned int s);          //延时函数
unsigned char GetKey(void);            //按键扫描
//主函数
void main (void)
{
    unsigned char KeyNum = 16;         //无键按下的值
```

```
        SEGPORT = LEDCODE[KeyNum];
    while(1)
    {
        KeyNum = GetKey();              //获取按键值
        if (KeyNum!=16)                 //如有键按下,刷新显示
            SEGPORT = LEDCODE[KeyNum];
    }
}
void delayms(unsigned int s)
{
    unsigned int i,j;
    for(i=0;i<s;i++)
    for(j=0;j<120;j++);
}
unsigned char GetKey(void)
{
    unsigned char keycode=0xff,keycode1,num;  //定义键值变量等
    KEYPORT = 0x0f;                     //高4位低电平,低4位高电平
    delayms(1);
    if (KEYPORT!=0x0f)
    {
        delayms(15);                    //延时去抖动
        KEYPORT = 0x0f;                 //高4位低电平,低4位高电平(第1步)
        delayms(1);
        keycode = KEYPORT & 0x0f;       //记录被按下键的行号
        KEYPORT = 0xf0;                 //低4位低电平,高4位高电平(第2步)
        delayms(1);                     //延时
        keycode1= KEYPORT & 0x0f0;      //记录被按下键的列号
        keycode = keycode | keycode1;   //组合后得到键的特征码(第3步)
        for(num=0;num<16;num++)         //查找按键号
        {
            if(keycode == KEYCODE[num])
                break;
        }
        return(num);                    //返回键号
    }
    else return(16);                    //返回键号
}
```

在实际应用中,如果项目规模较大,将所有代码写在同一个*.c文件中,难免臃肿复杂,可读

性差,也不利于多人协同开发。多文件编程可以解决这一问题,且有比较强的可移植性。

如图 6-1 所示,使用反转法扫描按键,在 LED1 显示按键编号,范围为 0~F。改造以上实现方法,将矩阵键盘的处理写成单独的驱动程序文件 juzhen.c,文件中函数的声明形成头文件 juzhen.h。在主程序文件中编写 main( ) 函数,完成按键值读取并显示。

应用拓展

本项目中,矩阵键盘分为按键检测和按键处理两部分,GetKey( ) 函数用于按键检测,main( ) 函数中进行按键处理,实现了闭合键的功能。

有两点需要注意:第一,先判断是否有按键闭合,再判断哪一个按键闭合,可以提高程序效率,流程如图 6-4 所示。实现相同目标,方法有很多种,设计时应尽量优化,提高程序效率、节约硬件成本。第二,如有多个按键同时闭合,本设计只能检测到一个。

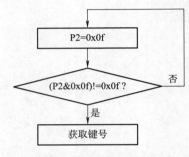

图 6-4 按键第一次检测

项目 7　点阵 LED 的设计

点阵 LED 显示屏由许多发光二极管（LED）组成，这些 LED 按特定的排列方式布置在一个平面上，形成了一个二维矩阵（即点阵）。通过对每个 LED 的控制，可以在该点阵上显示各种字符、数字、符号、图形等。

学习目标

- 掌握 8×8 点阵 LED 的电路设计方法。
- 掌握点阵驱动方法。
- 掌握多片点阵 LED 组合使用的方法。

问题导入

如图 7-1 所示，设计一个 8×8 点阵 LED 显示屏，使其显示心形图案。

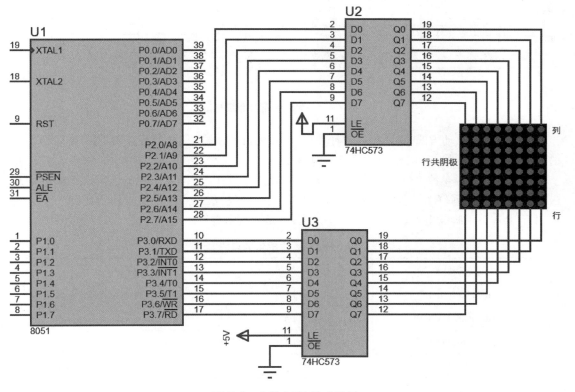

图 7-1　点阵 LED 静态显示

1. 点阵 LED 的原理

点阵 LED 由若干灯珠（发光二极管）组成，以矩阵方式排列，通过灯珠亮灭显示文字、图片、动画、视频，可以在汽车报站器、公告牌等多种场合使用。有 8×8 点阵、16×16 点阵之分，通常大规模的 LED 点阵由若干小点阵拼接而成。

图 7-2 所示为 8×8 点阵内部结构，由 64 个发光二极管组成，每个发光二极管跨接在行线和列线上，当某一行（R 方向）置 1、某一列（C 方向）置 0，或某一列置 1、某一行置 0，则跨接在这两根线上的二极管点亮。

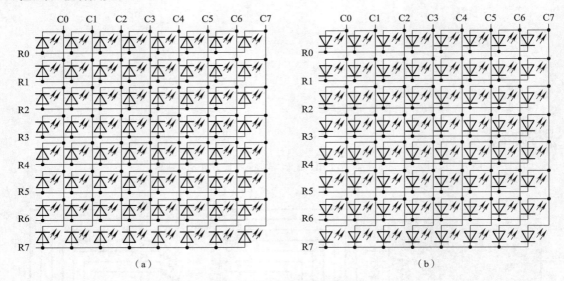

图 7-2　8×8 点阵内部结构

按照行线的驱动方式，点阵屏有两种类型：一种为行共阴，另一种为行共阳。图 7-2(a) 给出的是行共阳形式，图 7-2(b) 给出的是行共阴形式。

Proteus 提供了 4 种单色的点阵，见表 7-1 和图 7-3，其中，蓝橙绿三色的点阵上引脚控制行（R）、下引脚控制列（C），上引脚低电平、下引脚高电平点亮；红色点阵上引脚控制列（C）、下引脚控制行（R），上引脚高电平、下引脚低电平点亮，都是行共阴类型。

表 7-1　Proteus 中提供的点阵 LED

设备名称	库	描　　述
MATRIX-8X8-BLUE	DISPLAY	8×8 蓝色 LED 点阵显示器
MATRIX-8X8-GREEN	DISPLAY	8×8 绿色 LED 点阵显示器
MATRIX-8X8-ORANGE	DISPLAY	8×8 橙色 LED 点阵显示器
MATRIX-8X8-RED	DISPLAY	8×8 红色 LED 点阵显示器

2. 驱动方法

LED 阵列的显示方式可以分为静态显示和动态显示。例如行线送入 00111110，列线送入

00000011,会点亮6个LED,此为静态显示的驱动方法。按显示编码的顺序,逐行显示,利用人眼的视觉暂留现象,达到8行LED同时稳定显示的效果,此为动态显示。两种方法各有优劣。设计中使用动态显示居多。

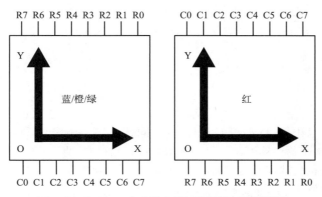

图 7-3 Proteus 中点阵 LED 的引脚布置及测试

项目实现

本项目中为增大引脚的驱动能力,使用了两片74HC573。显示心形形状,可以得到每一行的点阵字模,保存为字符数组 hang[8] = {0x00,0x66,0x99,0x81,0x81,0x42,0x24,0x18},每行中点亮的 LED 值为1,如图7-4 所示。程序流程图如图7-5 所示。

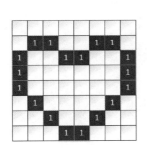

图 7-4 心形图案

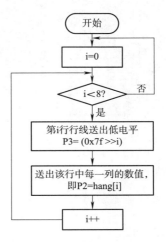

图 7-5 程序流程图

代码如下:

```
void main()
{
    uchar En_hang,i;
    while(1)
    {
```

```
                En_hang = 0x7f;
                for(i = 0;i < 8;i++)
                {
                        P2 = hang[i];
                        P3 = _cror_(En_hang,i);
                }
        }
}
```

实际应用时,常将若干点阵 LED 组合显示更多的内容,上述方法因占用 I/O 口多难以实现。采用串并转换的方式送出行码、列码可以解决这一问题,如图 7-6 所示。74HC595 是一个 8 位串行输入/串行或并行输出的位移缓存器,在 SH_CP(11)引脚信号的上升沿,串行数据由 DS(14)引脚逐步移入内部的 8 位位移缓存器,顺序是 Q0→Q1→Q2→Q3→…→Q7,并由 Q7′串行输出,在 ST_CP 的上升沿将 8 位位移缓存器的数据存入 8 位并行输出缓存器。当串行数据输入端$\overline{OE}$的控制信号为低使能时,并行输出端的输出值等于并行输出缓存器所存储的值。由于这里是将 4 块 8×8 的 LED 拼在一起使用,为 16×16 的结构,所以使用 2 片 74HC595 串联提供行信号和列信号。

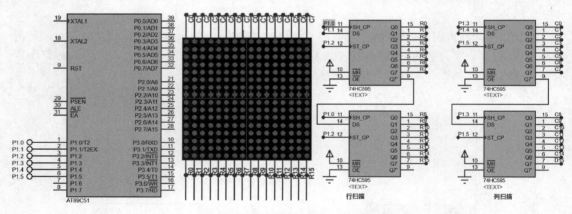

图 7-6 多块点阵 LED 拼接使用的原理图

习题

编写程序,使图 7-6 所示的 16×16 点阵 LED 屏显示汉字"学"。

应用拓展

Proteus 仿真中,8×8 点阵的引脚已经按照顺序排好,红色 8×8 点阵上面 8 个引脚控制列,高电平点亮,下面 8 个引脚控制行,低电平选通。实物点阵 LED 引脚排列和仿真时是不同的,如图 7-7 所示,如果标识为数字的是行,那标识为字母的则为列。

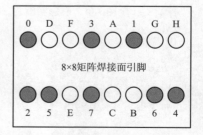

图 7-7 8×8 点阵 LED 引脚

项目 8 液晶显示

LCM1602 液晶显示器是广泛使用的一种字符型液晶显示模块。它是由字符型液晶显示屏、控制驱动主电路及其扩展驱动电路,以及少量电阻、电容元件和结构件等装配在 PCB 上组成的。专用于显示字母、数字、符号等,共能显示 2 行,每行 16 个字符。

学习目标

- 了解 LCM1602 液晶显示器的功能和使用方法。
- 掌握 LCM1602 液晶驱动程序的编写方法。

问题导入

如图 8-1 所示,驱动 LCM1602 液晶显示模块第一行显示字符串"YanTaiLiGong",第二行显示字符串"LCM1602-STUDY"。

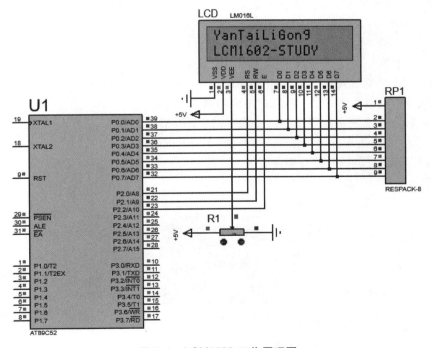

图 8-1 LCM1602 工作原理图

知识链接

LCM(LCD module)液晶显示模块是将液晶显示器、控制器、驱动器、RAM、ROM 和 PCB 等组装到一起构成的,有字段型、字符型和点阵型之分,具有省电、体积小、抗干扰能力强等优点。LCM 与各种微控制器连接比较方便,微控制器只需向 LCM 液晶显示模块写入相应命令和数据就可显示需要的内容。

字符型 LCM1602 液晶显示模块是一种专门用来显示字母、数字、符号等的点阵型液晶模块。16 代表液晶显示器每行可显示 16 个字符,02 表示可以显示 2 行。模块内置字符库 CGROM (character generator ROM),含有 192 个字符,每个字符一般由 5×7 或 5×10 的点阵组成,字符之间有一个点距的间隔,每行之间也有间隔,起到字符间距和行间距的作用,如图 8-2 所示。也正因间距的存在,该 LCM 不适合显示图形。

图 8-2　LCM1602 液晶显示模块外形图

LCM1602 引脚包括 8 条数据线、3 条控制线和 3 条电源线,如图 8-3 所示。其引脚序号和功能如下:

V_{SS}:电源地。

V_{CC}:+5 V 电源。

V_{EE}:液晶显示器对比度调整端;接正电源时对比度最弱,接地时对比度最强,对比度过高会产生"鬼影",使用时可以通过一个 10 kΩ 的电位器调整对比度。

RS:寄存器选择,1 表示数据寄存器;0 表示指令寄存器。

RW:读写信号线,1 表示读;0 表示写。

E:读写使能端,下降沿时读写操作有效。

D0 ~ D7:8 位双向数据总线。

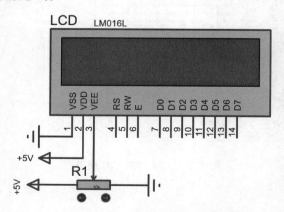

图 8-3　LCM1602 字符型液晶显示模块引脚

LCM1602 显示数字和字符时需要送入的码值与数字和字符的 ASCII 码相同,如图 8-4 所示。液晶屏每个显示位有单独的地址,上排地址为 00H~0FH,下排地址为 40H~4FH,如图 8-5 所示。单片机控制 LCM1602 显示字符时,只需将待显示字符的 ASCII 码写入对应 RAM 地址。例如,如果想在屏幕左上角显示字符'A',那么就把字符'A'的字符代码 41H 写入 00H 地址处即可。LCM1602 的显示屏只有 16 字×2 行大小,写在显示地址范围外的字符不能显示。需要使用移屏指令将其移到可显示地址范围内才能正常显示。

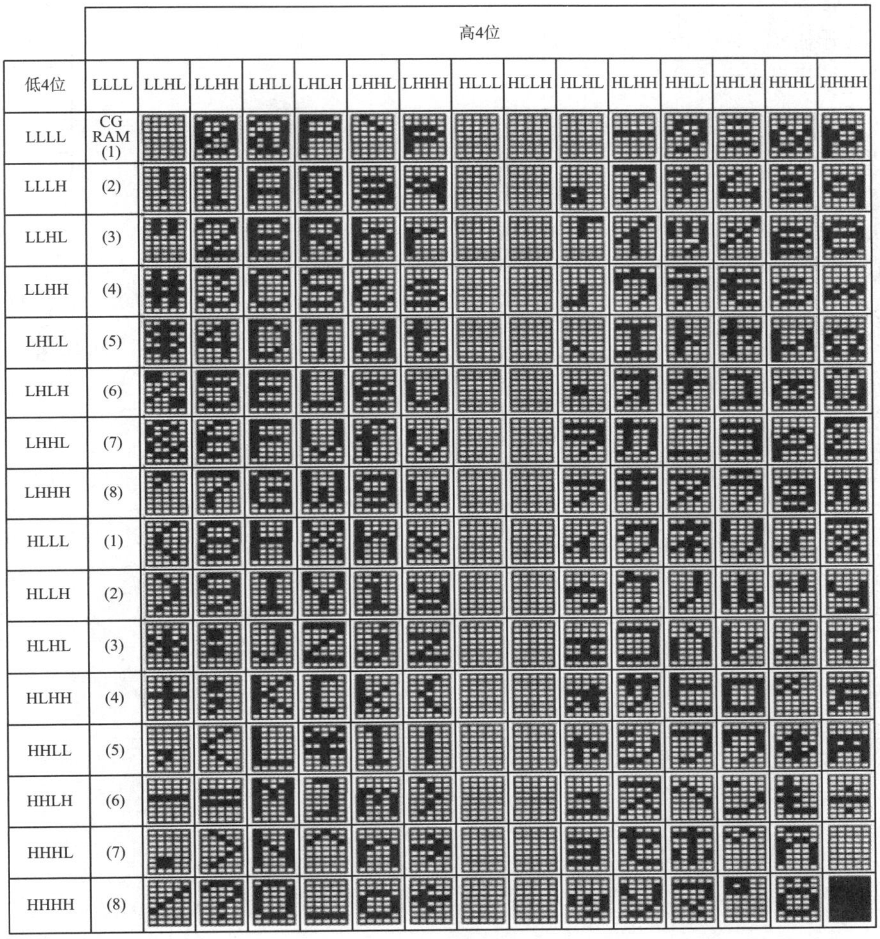

图 8-4　LCM1602 显示的字符表

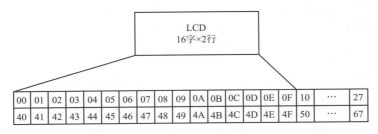

图 8-5　RAM 地址映射

为了区分对显示缓冲区的读、写两种操作,系统规定写操作时地址最高位必须为1,读操作时为0。因此,第一行第一个字符的读指令是0x00,写指令是0x80;第二行第一个字符的读指令是0x40,写指令是0xC0。

为管理 LCM1602,系统内共设有 11 条操作指令,其中常用的指令代码及功能如下:

①0x38:设置 16×2 显示,5×7 点阵字形,8 位数据接口。
②0x01:清屏。
③0x0F:开显示,显示光标,光标闪烁。
④0x08:只开显示。
⑤0x0E:开显示,显示光标,光标不闪烁。
⑥0x0C:开显示,不显示光标。
⑦0x06:地址加 1,当写入数据的时候光标右移。
⑧0x02:光标复位回到地址原点,但缓冲区中内容不变。
⑨0x18:光标和显示一起向左移 1 位。

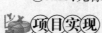 项目实现

图 8-6 程序流程图

LCM1602 使用之前需要先初始化,程序流程图如图 8-6 所示。
代码如下:

```
#include <reg52.h>
#define uchar unsigned char
#define uint unsigned int
sbit RS = P2^0;                //LCM1602 寄存器选择引脚定义
sbit RW = P2^1;                //LCM1602 读写引脚定义
sbit EN = P2^2;                //LCM1602 片选引脚定义
void delayms(uint i)           //函数:延时 ms
{
    unsigned int j = 0;
    for(;i>0;i--)
        for(j=0;j<125;j++);
}
void write_command(uchar com)  //函数:LCM1602 写指令函数
{
    P0 = com;                  //送出指令
    RS = 0;RW = 0;EN = 1;      //写指令时序
    delayms(2);
    EN = 0;
}
void write_dat(uchar dat)      //函数:LCM1602 写数据函数
{
    P0 = dat;                  //送出数据
    RS = 1;RW = 0;EN = 1;      //写数据时序
```

```
        delayms(2);
        EN=0;
}
void write_string(uchar x,uchar y,uchar * s)    //在x列、y行开始写字符串s
{
    if(y==0)
        write_command (0x80|x);
    if(y==1)
        write_command (0x80|(x-0x40));
    while(* s>0)
    {
        write_dat(* s++);
        delayms(1);
    }
}
void init()                                      //函数:LCM1602液晶屏初始化
{
    write_command (0x01);                        //清屏
    write_command (0x38);                        //设置16×2显示,5×7点阵
    write_command (0x0C);                        //开显示,显示光标且闪烁
    write_command (0x06);                        //地址加1,写入数据时光标右移1位
}
void main(void)
{
    init();                                      //LCM1602初始化
    write_string(0,0,"YanTaiLiGong");
    delayms(1);
    write_string(0,1,"LCM1602-STUDY ");
    delayms(1);
    while(1);
}
```

习题

如图8-7所示,编写程序,使LCM1602显示0~99的数值,按键每按下一次,数值加1。当数值到99以后从0开始重新计数。程序中可以控制在第几行、第几列显示数值。

提示:将按键按下的次数赋给计数变量,对计数变量以字符串的形式进行显示;编写子函数将输入的行数、列数与显示的地址关联。

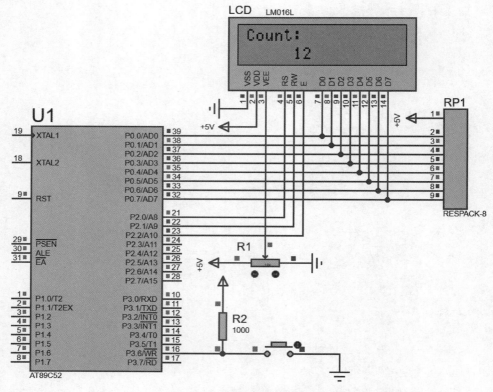

图 8-7 按键次数显示电路图

应用拓展

本项目中根据 LCM1602 特性,编写了写指令、写数据等函数。实际使用时,开发者可以直接调用厂商提供的设备驱动程序,以加快开发的速度,在后续计数器应用实验中,使用了该方法。同样,使用其他外围设备时也可如此,开发者不需要过多了解设备的属性等信息,也可以正常使用该设备。

项目 9　中断系统应用设计

计算机与外围设备交换信息时,存在 CPU 速度高而外设速度低的矛盾。为了保证 CPU 送出的数据不丢失或外设的请求能得到及时响应,可以采取中断方式处理。因为中断系统的存在,CPU 可以和多个外设同时工作,分时为各外设提供服务,大大提高 CPU 的利用率和输入/输出的速度,提高了对外设的响应速度。

学习目标

- 掌握中断、中断源、中断优先级等概念。
- 掌握外部中断的中断标志、中断允许寄存器 IE、中断优先级寄存器 IP 的含义及设置。
- 理解外部中断两种触发方式的含义,掌握外部中断服务程序编程方法。
- 能够使用中断方式对外部事件请求进行处理。

问题导入 1

如图 9-1 所示,外部中断 0(P3.2)引脚连接按键,用来模拟外部中断请求。当按键按下时产生一个负脉冲信号,触发外部中断 0 事件,要求 CPU 每次响应中断后,改变发光二极管 D1 的状态。

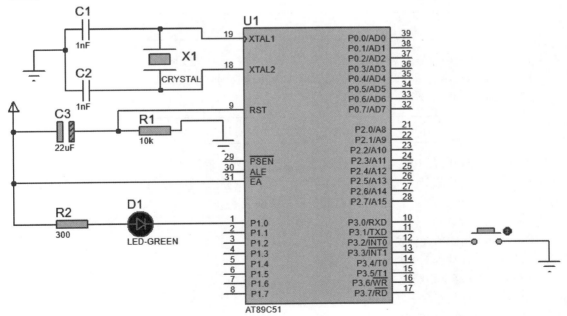

图 9-1　外部中断 0 控制 LED 实验电路原理图

知识链接 1

1. 中断的概念

中断源:基本型 51 单片机共有 5 个中断源,包括 2 个外部中断源($\overline{INT0}$、$\overline{INT1}$)和 3 个内部中断源(T0、T1、TXD/RXD)。

中断触发方式:外部中断由 P3.2($\overline{INT0}$)和 P3.3($\overline{INT1}$)引脚上出现的低电平或负脉冲触发,定时/计数器中断(T0、T1)在接收的脉冲数达到溢出程度时触发,串口中断(RXD/TXD)在完成一帧串行数据的发送或接收后触发。

2. 中断设置的特殊功能寄存器

中断系统的工作通过特殊功能寄存器设置。有 4 个寄存器,分别为定时控制寄存器 TCON、串行口控制寄存器 SCON、中断允许寄存器 IE 和中断优先级寄存器 IP。

(1) 定时控制寄存器 TCON(88H)

TF1	TR1	TF0	TR0	IE1	IT1	IE0	IT0

该寄存器低 4 位设置外部中断,高 4 位设置定时器中断(每位的含义可参照项目 10)。

IT0:外部中断 0 触发方式设置位。IT0 = 0,外部中断 0 为低电平触发;IT0 = 1,外部中断 0 为负脉冲触发。

IT1:外部中断 1 触发方式设置位。IT1 = 0,外部中断 1 为低电平触发;IT1 = 1,外部中断 1 为负脉冲触发。

IE0:外部中断 0 中断请求标志位。

IE1:外部中断 1 中断请求标志位。

(2) 串行口控制寄存器 SCON(98H)

						TI	RI

TI(SCON.1):串行口发送中断标志。TI = 1 表示发送完一帧数据。

RI(SCON.0):串行口接收中断标志。RI = 1 表示接收到一帧数据。

(3) 中断允许寄存器 IE(A8H)

EA	—	—	ES	ET1	EX1	ET0	EX0

该寄存器控制所有中断及单个中断源的开放(设置为 1)和屏蔽(设置为 0)。实现两级控制,当 EA = 0 时,所有中断请求被屏蔽;当 EA = 1 时,某个中断是否被屏蔽,由 5 个中断源的中断允许位决定。只有被允许的中断才能在中断服务程序中被服务。

EA:中断总允许位。

ES:串行通信中断允许位。

ET1:定时/计数器 1 中断允许位。

EX1:外部中断 1 中断允许位。

ET0:定时/计数器 0 中断允许位。

EX0:外部中断 0 中断允许位。

（4）中断优先级寄存器 IP(B8H)

—	—	—	PS	PT1	PX1	PT0	PX0

多个中断同时发生时,会涉及优先级排队问题。IP 寄存器某位置 1,设置为高优先级;置 0,设置为低优先级。

PS:串行通信优先级设置位。
PT1:定时/计数器 1 优先级设置位。
PX1:外部中断 1 优先级设置位。
PT0:定时/计数器 0 优先级设置位。
PX0:外部中断 0 优先级设置位。

同一优先级的中断优先权排队,由中断系统硬件确定的自然优先级形成,按照外部中断 0、定时器 T0、外部中断 1、定时器 T1、串行口中断优先级依次降低的顺序。

3. 中断处理的过程

满足以下三个基本条件时,CPU 可以响应中断:
①有中断源发出中断请求。
②总中断允许控制位 EA = 1(开中断)。
③中断源的中断允许位为 1(源允许)。

以上条件同时满足,单片机响应中断,并执行中断服务程序。中断服务程序的一般格式如下:

```
void 函数名() interrupt n [using r]
{ 函数体语句 }
```

其中,n 为中断编号,取值为 0~4,分别对应 $\overline{INT0}$、T0、$\overline{INT1}$、T1、串行口中断 5 个中断源。interrupt 是关键字,用于告诉单片机这是一个中断服务程序。中断服务程序通常不带回返回值。r(0~3)代表使用第 r 组工作寄存器,可以省略,如果不声明,默认使用第 0 组。

编写中断服务程序时,需要注意以下几个问题:
①中断服务程序需要满足特定的格式要求,包括使用特定的关键字、参数等。
②中断服务程序需要尽可能简单,避免使用复杂的代码结构和算法。
③中断服务程序需要尽可能地快速执行,避免过长的执行时间、延时等。
④中断服务程序需要对共享资源进行保护,以避免出现竞态条件等问题。
⑤中断服务程序不能返回值也不能传递参数,在任何情况下都不能被直接调用。

项目实现 1

本设计中使用了外部中断 0(P3.2)。外部中断触发方式使用 IT0 设置。设置为负脉冲触发方式时,单片机会在相邻两个机器周期对中断请求输入端进行采样,如前一次采样得到高电平,后一次为低电平,即为有效的中断请求。设置为低电平触发时,只要检测到中断请求输入端的低电平则认为有效,如果中断请求不能及时撤销,则会引起中断的重新触发,因而需要接入外部电路配合使用,电路较复杂。建议尽量使用负脉冲触发方式。

中断编程需要注意几个要点,以外部中断为例:
①硬件上保证$\overline{INT0}$、$\overline{INT1}$引脚有中断触发信号。

②主程序中完成中断初始化设置。如中断使能、优先级、开关、触发方式等。

③编写中断服务程序完成中断处理,如需要则撤销中断请求标志。不同中断的中断请求撤销方式不同。外部中断为负脉冲触发时,CPU 响应中断后自动撤销中断标志;为低电平触发时,需要在中断返回前,由应用程序清零中断请求标志 IE0、IE1,并由外接硬件电路将中断请求撤销,防止中断多次触发。定时器中断由硬件自动撤销中断请求标志。串行口中断需要由应用程序清零中断请求标志 RI、TI。

代码如下:

```c
#include <reg51.h>
#define uchar unsigned char
#define uint unsigned int
sbit L1 = P1^0;
main()
{
    IT0 = 1;               //下降沿触发
    EX0 = 1;               //允许外部中断0响应
    EA = 1;                //允许中断
    while(1);
}
void INT0_ISR() interrupt 0
{
    L1 = ! L1;             //P1.0取反
}
```

习题1

单片机 P0 口接 1 位共阴极数码管,P3.3 引脚连接按键。设计电路并编写程序,使单片机上电后循环显示 A~G 字符;按下按键触发外部中断,控制数码管闪烁显示 8 次"-",之后仍然循环显示 A~G 字符。

问题导入2

如图 9-2 所示,在外部中断 0(P3.2)、外部中断 1(P3.3)引脚分别连接一个按键 K0、K1。初始状态,2 位 LED 都显示"-";按下 K0 时,LED1 显示 0~9 的数据 1 次;按下 K1 时,LED2 显示 0~9 的数据 1 次。设外部中断 1 为高优先级,外部中断 0 为低优先级。编写程序实现此功能,观察以下现象并解释原因:

①先按下 K0,数据显示到 9 之前,按下 K1,有什么现象?

②先按下 K1,数据显示到 9 之前,按下 K0,有什么现象?

知识链接2

多个中断同时使用时,要注意优先级问题。优先级的设置使用 IP 寄存器,PS、PT1、PT0、PX1、PX0 等标志位置 1,则对应中断优先级为高。高优先级中断可以嵌套低优先级中断执行,如图 9-3 所示。当 CPU 正在处理一个中断请求时,又出现了一个优先级比它高的中断请求,CPU 会暂停当前中断,并保留断点,响应高优先级的中断。当高优先级中断处理结束后,返回断点位置继续执行被打断的低优先级中断,直至执行结束后返回主程序继续执行。51 系列单片机中最多允许两级中断嵌套。

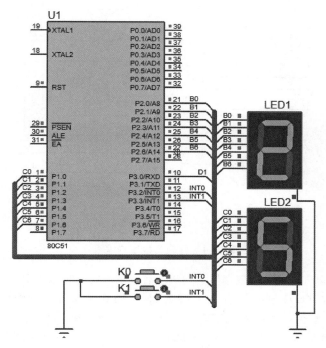

图 9-2　中断嵌套原理图

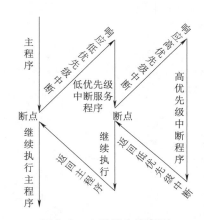

图 9-3　中断嵌套流程图

项目实现 2

主函数完成对中断的初始化,包括开中断、设置下降沿触发方式、设置中断优先级 PX1=1、PX0=0 等,流程图如图 9-4(a)所示。两个中断服务程序的流程相同,当中断服务程序执行时,分别送出 0~9 的段码,之后送出 "-" 的段码,流程如图 9-4(b)所示。

单片机项目教程

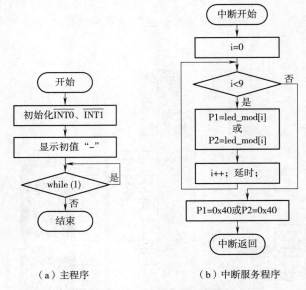

（a）主程序　　　　　　　（b）中断服务程序

图9-4　问题2程序流程图

由实验结果可知，先按下 K0，数据显示到 9 之前按下 K1，此时因为 K1 的优先级高而抢占执行，LED1 的显示暂停，LED2 显示 0～9，之后继续 LED1 的显示，直至显示到 9。

如果先按下 K1，数据显示到 9 之前按下 K0，因低优先级中断不能嵌套高优先级中断，仍然执行 LED2 的显示，显示完成后 LED1 显示。在此还需注意中断标志的清除问题，当 K0 中断请求到来时，IE0 中断标志置位，虽然暂时被高优先级中断阻塞，但也是可以响应的。因使用下降沿触发方式，该中断标志会在服务程序执行后由硬件自动清除，无须其他措施。

代码如下：

```
#include <reg51.h>
unsigned char led_mod[10] = {0x3f,0x06,0x5b,0x4f,0x66,0x6d,0x7d,0x07,0x7f,0x6f};
void delay(unsigned int time)
{
    unsigned char j=255;
    for(;time>0;time--)
        for(;j>0;j--);
}
void  key0()   interrupt  0           //K0 中断服务程序
{
    unsigned char i;
    for(i=0;i<=9;i++){                //字符 0～9 循环 1 圈
        P2=led_mod[i];
        delay(35000);
    }
    P2=0x40;                          //结束符"-"
}
```

```
void key1()    interrupt  2              //K1 中断服务程序
{
    unsigned char i;
    for(i = 0;i <= 9;i++){               //字符 0~9 循环 1 圈
        P1 = led_mod[i];
        delay(35000);
    }
    P1 = 0x40;                           //结束符"-"
}
void main()
{
    TCON = 0x05;                         //触发方式
    PX0 = 0;PX1 = 1;                     //INT1 优先级高
    P1 = P2 = 0x40;                      //显示"-"
    EA = 1;EX0 = 1;EX1 = 1;
    while(1);
}
```

习题 2

如图 9-5 所示,在外部中断 0(P3.2)、外部中断 1(P3.3)引脚各连接一个按键,使用两个按键调整数码管显示数值在 0~99 之间变化。其中 P3.2 的按键为 KEY1,实现每按一次数值加 1;P3.3 的按键为 KEY2,实现每按一次数值减 1。

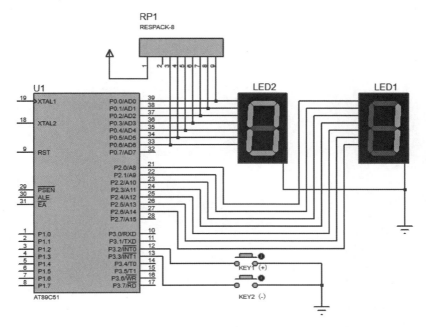

图 9-5　使用外部中断方式调整数码管显示电路原理图

提示: 定义全局变量 cnt,用于记录显示的数值。中断服务程序中对计数值进行加 1、减 1 操作,主程序中重复将 cnt 数值显示。双方通过全局变量完成参数的传递。程序流程如图 9-6 所示。

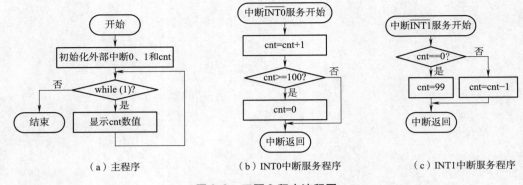

图 9-6　习题 2 程序流程图

应用拓展

中断的使用在软件上需要关注两部分。第一,主程序中完成中断初始化设置,设置好触发方式、优先级、中断允许、启动中断等。设置好之后,中断系统可以自行工作,与主程序并发运行,提高了 CPU 的工作效率。第二,编写中断服务程序,完成中断的处理。后续定时器中断、串行口中断等都是如此。

基本型 51 单片机有 21 个特殊功能寄存器,可以记录程序执行的状态、对各功能部件进行设置等。这些寄存器离散分布在片内 RAM 的 0x80~0xff 地址,其中地址能被 8 整除的有 11 个,具有位寻址的特点。特殊功能寄存器的访问可以使用其名称,在 reg51.h 头文件中已有定义。详情参照附录 B。

项目 ⑩ 定时器应用设计

单片机应用系统中经常会使用到精确延时、定时扫描、统计事件的发生次数和产生一定频率的声音等功能,这些功能都可以使用定时/计数器实现。51 系列单片机内部集成了 2 个可编程的 16 位定时/计数器,简称 T0 和 T1。每个定时器可以独立工作,也可以设置成定时和计数两种模式,有 4 种工作方式可供选择,方便灵活。

学习目标

- 掌握定时/计数器结构及工作原理。
- 掌握定时/计数器的初始化参数的设置。
- 掌握定时/计数器用于定时和计数方式的编程方法。
- 掌握定时/计数器不同工作方式的特点。

问题导入 1

如图 10-1 所示,晶振频率为 12 MHz,使用定时/计数器 T0,在 P1.0 引脚输出周期为 100 ms 的方波,并使用示波器观察信号波形。

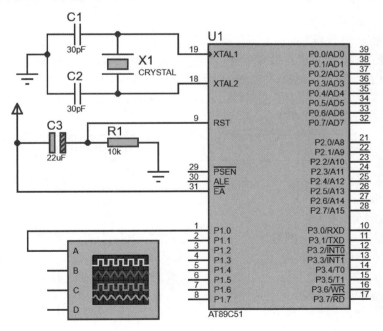

图 10-1　P1.0 引脚输出周期为 100 ms 的方波电路原理图

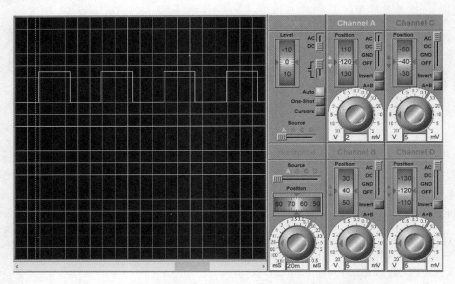

图 10-1　P1.0 引脚输出周期为 100 ms 的方波电路原理图(续)

知识链接 1

1. 定时/计数器原理

定时/计数器本质是加 1 计数器,对内部时钟脉冲或从引脚输入的时钟脉冲进行计数。当计数寄存器计满溢出时,可引起中断标志(TFx)被硬件置 1,据此表示定时时间到或计数次数到。定时与计数的区别在于计数脉冲的来源不同,前者是对时钟脉冲进行计数,周期固定;后者则对 T0(P3.4)、T1(P3.5)引脚输入的脉冲计数,周期是可变的。

2. 定时/计数器设置的特殊功能寄存器

51 单片机包括 2 个 16 位计数寄存器,用于 T0 的 TH0、TL0,用于 T1 的 TH1、TL1,THx 为高 8 位,TLx 为低 8 位。还包括控制寄存器 TCON 和方式寄存器 TMOD。通过 TMOD 可以设置定时或计数模式,设置 4 种工作方式。通过 TCON 可以管理计数器的启动与停止。

（1）定时控制寄存器 TCON(88H)

TF1	TR1	TF0	TR0	IE1	IT1	IE0	IT0

该寄存器高 4 位与定时器有关。

TF0:T0 溢出标志位。

TF1:T1 溢出标志位。

TR0:定时/计数器 T0 启/停控制位。非门控方式时,TR0 = 1,定时器 T0 立即开始计数;TR0 = 0,定时器 T0 立即停止计数。

TR1:定时/计数器 T1 启/停控制位。非门控方式时,TR1 = 1,定时器 T1 立即开始计数;TR1 = 0,定时器 T1 立即停止计数。

（2）定时方式寄存器 TMOD(89H)

GATE	C/$\overline{T}$	M1	M0	GATE	C/$\overline{T}$	M1	M0

该寄存器高 4 位控制 T1,低 4 位控制 T0。TMOD 寄存器不能位寻址,只能以字节操作的方法赋值。

GATE:门控位。GATE = 0,不使用外部门控制计数器启/停(非门控方式);GATE = 1,使用外部门控制计数器启/停(门控方式),TR0 = 1 且 P3.2 = 1 时,T0 启动计数;TR1 = 1 且 P3.3 = 1,T1 启动计数。

C/$\overline{\text{T}}$:定时或计数方式选择位。C/$\overline{\text{T}}$ = 0,为定时器方式;C/$\overline{\text{T}}$ = 1,为计数器方式。

M1、M0:工作方式选择位。工作方式见表 10-1。

表 10-1　定时/计数器工作方式

M1	M0	工作方式	功　能
0	0	方式 0	13 位定时/计数器
0	1	方式 1	16 位定时/计数器
1	0	方式 2	8 位自动重装初值的定时/计数器
1	1	方式 3	T0:TL0 为 8 位定时/计数器,TH0 为 8 位定时器。T1:无中断功能的定时/计数器

3. 定时/计数器方式 1 的使用

编程时有如下步骤:

①设定 TMOD,确定定时或计数模式,确定工作方式。

②将计数初值装载到 THx、TLx 寄存器。

定时器模式时,计数初值的计算如式(10-1)。

$$t = (2^n - a)T = (2^n - a)\frac{12}{f_{osc}}$$

$$a = 2^n - t\frac{f_{osc}}{12} \tag{10-1}$$

式中,a 为计数初值;t 为定时时间;f_{osc} 为晶振频率;n 为计数模值,取值取决于工作方式设置(可以为 13、16、8)。

计数器模式时,计数初值的计算如式(10-2)。

$$a = 2^n - N \tag{10-2}$$

式中,N 为计数个数。

③如使用中断方式,主程序中完成中断初始化(IE、IP 等寄存器)、启动定时器(TCON 寄存器)。中断服务程序中除了服务代码外,还需要重新为 THx、TLx 赋初值。如使用查询方式,需启动定时器,查询 TFx 是否为 1。如果 TFx 为 1 表示中断溢出,将 TFx 清零后,重新装载计数初值可重复查询。

4. 定时/计数器不同工作方式的比较

方式 0 是 13 位定时/计数器,使用 THx 的 8 位、TLx 的低 5 位作为计数寄存器,计数最大值为 2^{13}。该方式是为了与早期产品 MCS-48 系列单片机兼容而设置的。

方式 1 是 16 位定时/计数器,使用 THx 和 TLx 作为计数寄存器,最多计数 65 536(2^{16}) 个脉冲,最长定时时间为 65.536 ms(晶振频率为 12 MHz 时)。

方式 2 是 8 位自动重装初值的定时/计数器。使用 TLx 作为计数寄存器,THx 作为常数寄存器。当计数完成后,THx 中的数值可以自动装载到 TLx 中。避免了程序设计时重装初值对定时精度的影响。最多计数 $256(2^8)$ 个脉冲,最长定时时间为 256 μs(晶振频率为 12 MHz 时)。

以方式 3 工作时,T0 被拆分成 2 个定时器,其中 TL0 使用了 T0 的控制位、引脚等资源,即 GATE、TR0、TF0、T0(P3.4)引脚、INT0引脚,是 8 位定时/计数器,TH0 占用了 T1 的部分资源,TF1、TR1 等,工作为 8 位定时器。T1 只能作为 8 位无中断功能自动重装初值的计数器。

项目实现 1

这里使用 T0,定时时间 50 ms 即可满足要求,因而可以选择定时时间最长的方式 1。按照以上步骤确定如下信息:

①TMOD = 0x01,即 00000001。

②$a = 2^n - t\dfrac{f_{osc}}{12} = 2^{16} - 50 \text{ ms} \dfrac{12 \text{ MHz}}{12} = 3\text{CB0H}$。

所以,TH0 = 0x3C,TL0 = 0xB0。

③中断服务程序中,首先要给计数器 TH0、TL0 重新赋初值,然后将 P1.0 引脚的状态取反,即可产生周期为 100 ms 的方波信号。

代码如下:

```c
#include <reg51.h>
sbit WAV = P1^0;
main()
{
    TMOD = 0x01;          //T0 工作方式 1
    TH0 = 0x3C;
    TL0 = 0xB0;           //50 ms 定时
    TR0 = 1;              //启动定时器
    EA = 1;               //中断总开关
    ET0 = 1;              //允许定时器 T0 中断
    while(1);
}
void T0_ISR() interrupt 1
{
    TH0 = 0x3C;
    TL0 = 0xB0;           //重装定时初值
    WAV = !WAV;           //P1.0 取反
}
```

采用查询方式也可以实现该功能。每次计数溢出后 TFx 标志会被置 1,可以查询该标志的状态得知是否到达定时时间。查询方式与中断方式编程时注意两点不同:第一,使用查询方式不需要开中断,其他初始化设置相同;第二,查询方式需要在程序中将 TFx 清零。而中断方式时,中断响应后会自动将 TFx 清零。

```c
#include <reg51.h>
sbit WAV = P1^0;
main()
{
```

```
        TMOD = 0x01;                          //T0 工作方式1
        TR0 = 1;                              //启动定时器
        while(1)
        {
            TH0 = (65536-50000)/256;
            TL0 = (65536-50000)%256;          //50 ms 定时
            do { } while(! TF0);
            WAV = ! WAV;
            TF0 = 0;
        }
    }
```

习题 1

如图 10-1 所示,晶振频率为 12 MHz,使用定时/计数器 T0,在 P1.0 引脚输出周期为 2 ms 的方波,并使用示波器观察信号波形。

问题导入 2

如图 10-2 所示,使用定时/计数器 T1 产生定时信号,控制 P1.0 引脚的发光二极管不断闪烁,亮 500 ms,灭 500 ms,晶振频率为 12 MHz。

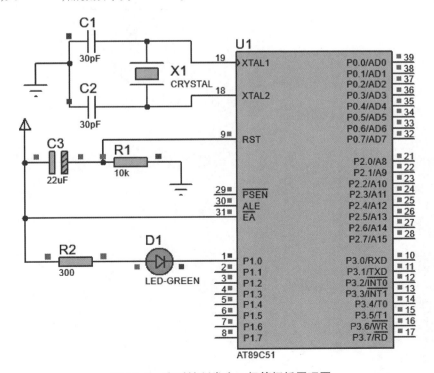

图 10-2　定时控制发光二极管闪烁原理图

知识链接 2

使用 12 MHz 晶振时,定时器工作方式 1 的最长定时时间为 65.536 ms,如果进行长时间定时,可以采用"短定时器+软件计数器"的方法,短定时时间要小于 65.536 ms,在中断服务程序中修改软件计数器的计数次数。

项目实现 2

这里选择工作方式 1 产生 50 ms 短定时,软件计数器计数 10 次,如此进入中断服务程序 10 次的总时间可达到 500 ms。此时,将 P1.0 引脚状态取反,实现外接 LED 亮 500 ms、灭 500 ms 的功能。程序流程图如图 10-3 所示。

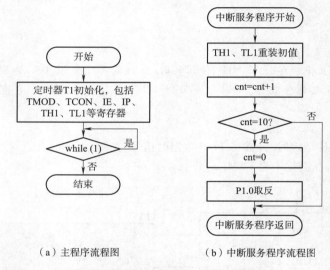

(a)主程序流程图　　　　(b)中断服务程序流程图

图 10-3　T1 定时 500 ms 程序流程图

代码如下:

```c
#include <reg51.h>
#define uchar unsigned char
sbit LED = P1^0;
uchar cnt;                      //计数变量
main()
{
    TMOD = 0x10;                //T1 工作方式 1
    TH1 = (65536 - 50000)/256;
    TL1 = (65536 - 50000)%256;  //50 ms
    TR1 = 1;                    //启动
    EA = 1;                     //总允许
    ET1 = 1;                    //源允许
    while(1);
}
```

```
void T1_ISR() interrupt 3
{
    TH1 = (65536 - 50000)/256;
    TL1 = (65536 - 50000)% 256;      //重装初值
    cnt++;
    if(cnt==10)                       //500 ms
    {
        cnt=0;
        LED = ! LED;                  //P1.0取反
    }
}
```

习题 2

以中断方式设计单片机秒、分脉冲发生器。假设 P1.0 引脚每秒输出一个正脉冲，P1.1 引脚每分输出一个正脉冲，使用定时器 T1 工作方式 1，产生如图 10-4 所示波形。

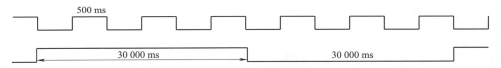

图 10-4 分秒脉冲发生器信号波形

提示：1 s = 1 000 ms，定时时间需 500 ms；1 min = 60 000 ms，定时时间需 30 000 ms。实现定时时间 500 ms 和 30 000 ms，可以以 50 ms 为基本单位，分别定时 10 次和 600 次实现。中断服务程序中设置 2 个计数变量即可。

问题导入 3

如图 10-5 所示，晶振频率为 12 MHz，使用定时/计数器 T0，实现在 P1.0 引脚输出周期为 500 μs 的方波，并使用示波器观察信号波形。

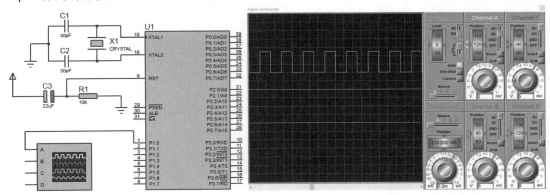

图 10-5 P1.0 引脚输出周期为 500 μs 方波电路原理图

知识链接 3

工作在方式 1 时,一次定时完成后,计数寄存器 THx 和 TLx 中变为 0,如需重复定时相同的时间,需在中断服务程序中重新赋初值,该操作必然会降低定时的精度。

工作方式 2 是 8 位自动重装载模式,比较适合于重复定时较短时间使用。THx 和 TLx 的初始值由用户设置,THx 用作常数寄存器,TLx 用作计数器,当计数溢出时,自动将 THx 中的值装入 TLx,并继续计数,因而多次定时相同时间时应设置 THx 与 TLx 初值相等。不需要在中断服务程序中写指令重装初值,定时精度相对较高,常用于产生 PWM(脉宽调制)信号等。

项目实现 3

实现 250 μs 的定时,初值如式(10-3)。

$$a = 2^8 - t\frac{f_{osc}}{12} = 6 \tag{10-3}$$

代码如下:

```
#include <reg51.h>
#define uchar unsigned char
sbit WAV = P1^0;
uchar cnt;
main()
{
    TMOD = 0x02;              //T0 工作方式 2
    TH0 = 0x06;
    TL0 = 0x06;               //250 μs 定时
    TR0 = 1;                  //启动定时器
    EA = 1;                   //总允许
    ET0 = 1;                  //源允许
    while(1);
}
void T0_ISR() interrupt 1     //不需要重新赋初值
{
    WAV = !WAV;               //P1.0 取反
}
```

习题 3

使用定时器 T1 产生频率 $f = 10$ kHz 等宽矩形波,设 $f_{osc} = 12$ MHz,画图并编程实现。

提示: 根据给出的频率值可以得出矩形波的周期 $T = 1/f = 100$ μs。周期为 100 μs,定时时间为 50 μs,可以采用定时器工作方式 2 实现。

应用拓展

使用定时器计时,相对于使用延时程序计时,具有更高的精确性和稳定性。在需要精确计时的工程项目中,可以优先考虑使用定时器来实现计时功能。

项目 11　计数器应用设计

T0、T1 可以工作在定时器模式,也可以工作在计数器模式,本质上都是计数。定时器是对周期不变的脉冲计数,由计数的个数和脉冲的周期可计算出定时时间。改变计数初值可实现不同时长的定时。计数器是对某一事件的发生次数进行计数,事件每发生一次,计数值加 1,而这个事件的产生可能是没有规律的,由计数值来反映事件产生的次数。

学习目标

- 掌握定时/计数器计数模式的初始化设置。
- 掌握定时/计数器计数模式的编程方法。

问题导入 1

如图 11-1 所示,P3.4/T0 引脚连接按键,每次按下按键,会有方波脉冲输入到 T0。请对 T0 引脚输入的方波脉冲计个数,并显示在 LCD 上。使用 T0 的计数器模式,工作在方式 1。

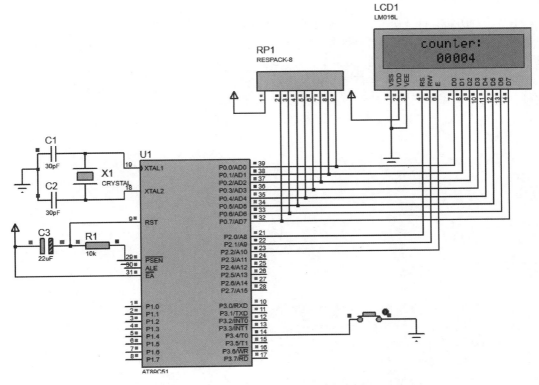

图 11-1　计数器工作方式 1 电路原理图

知识链接 1

T0、T1 作为计数器使用可以有两种方案:第一种是实时查询计数寄存器的值,与初值相减计算出计数个数(为了处理方便,初值常设为 0);第二种是计到需要的数值产生中断,在中断服务程序中统计计数个数。问题 1 使用第一种方案处理。问题 2 使用第二种方案处理。

计数模式需要设置 TMOD 寄存器的 $C/\overline{T}=1$,对 T0(P3.4)、T1(P3.5)引脚输入的方波脉冲计个数。设置为不同的工作方式,最大能计数的方波脉冲个数为 2^n(n 的数值取决于工作方式)。使用查询方式编程步骤如下:

①初始化:设定 TMOD 确定工作方式;清零 TH0、TL0,作为计数初值;启动计数器工作。

②某时刻 THx、TLx 的数值即为计数的个数。如工作在方式 1,计数个数 = THx × 256 + TLx;工作在方式 2,计数个数 = TLx。

工作在计数器方式,计数脉冲来源于 T0、T1 引脚。当输入脉冲信号出现下降沿跳变,计数器数值加 1。确认一次跳变需要 2 个机器周期,即 24 个时钟周期,因而输入脉冲的最大频率为振荡频率的 1/24。例如,当使用 12 MHz 晶振时,输入脉冲最高频率为 0.5 MHz。

项目实现 1

程序流程图如图 11-2 所示。设置 TH0、TL0 初值为 0,启动计数后,这两个寄存器中的数值即为计数个数,会随着输入脉冲的增加动态变化。采用方式 1,最大计数个数为 65 536 个。

本项目中 LCD 显示使用了厂商提供的驱动程序完成,将硬件底层操作和功能实现封装在驱动程序中,使得主程序可以更专注于业务逻辑和应用功能,而不必过多关注底层细节,简化程序代码。

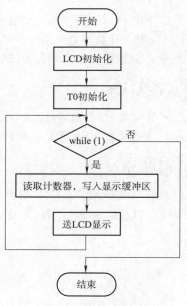

图 11-2　程序流程图

主程序:

```
#include <reg51.h>
#include "lcd1602.h"
uchar   L1[9] = {"counter:"};        //第 1 行显示缓冲区
uchar   L2[6] = "";                  //第 2 行显示缓冲区
uint    cnt;                         //计数变量
void    WriteDisBuff()               //将计数值逐位拆分,转换为 ASCII 码并存放到显示
                                     //缓冲区相应位置
{
    L2[0] = cnt/10000% 10 + 0x30;    // +0x30,将数字转换为 ASCII 码
    L2[1] = cnt/1000% 10 + 0x30;
    L2[2] = cnt/100% 10 + 0x30;
    L2[3] = cnt/10% 10 + 0x30;
    L2[4] = cnt% 10 + 0x30;
}
```

```c
void Display()
{
    LCD_Prints(4,0,L1);              //显示第 1 行
    LCD_Prints(6,1,L2);              //显示第 2 行
}
void main()
{
    LCD_Initial();                   //液晶初始化
    TMOD = 0x05;                     //T0,计数方式 1
    TH0 = 0;
    TL0 = 0;                         //计数器清零
    TR0 = 1;                         //启动计数
    while(1)
    {
        cnt = TH0 * 256 + TL0;       //读取计数值
        WriteDisBuff();              //写入显示缓冲区
        Display();                   //显示
    }
}
```

头文件 lcd1602.h：

```c
#include <reg51.h>
#ifndef _LCD1602_H_
#define _LCD1602_H_
#define uchar unsigned char
#define uint unsigned int
#define   LCD_COMMAND    0            //命令
#define   LCD_DATA       1            //数据
#define   LCD_CLEAR      0x01         //清屏
#define   LCD_HOMING     0x02         //光标返回原点
#define DBPort P0                     //数据端口,与硬件连接相互关联
sbit   LcdRs = P2^0;                  //位定义,与硬件连接相互关联
sbit   LcdRw = P2^1;
sbit   LcdEn = P2^2;
void LCD_Initial();
void LCD_Prints(uchar x, uchar y, uchar *str );   //在 x 列,y 行的位置,显示字符串 str
#endif
```

驱动程序文件 lcd1602.c：

```c
#include "lcd1602.h"
void delay( uint x )
{
```

```c
        while(x--);
}
void LCD_Write( bit style, uchar input)
{
    delay(300);                                  //延时
    LcdEn = 0;
    LcdRs = style;                               //0 为命令;1 为数据
    LcdRw = 0;
    DBPort = input;
    LcdEn = 1;
    LcdEn = 0;                                   //下降沿使能
}
void LCD_Initial()
{
  LCD_Write(LCD_COMMAND,LCD_CLEAR);              //清屏
  LCD_Write(LCD_COMMAND,0x38);                   //8 位总线,5×7 点阵
  LCD_Write(LCD_COMMAND,0x06);                   //地址增量方式
  LCD_Write(LCD_COMMAND,0x0c);                   //两行显示,无光标,不闪烁
}
void LCD_Pos(uchar x,uchar y) //液晶字符显示的位置函数,参数:x 为列,0~15;y 为行,0~1;
{
    if(y==0)
        LCD_Write(LCD_COMMAND,0x80 |x);          //第 1 行
    if(y==1)
        LCD_Write(LCD_COMMAND,0xc0 |x);          //第 2 行
}
void LCD_Prints(uchar x,uchar y,uchar * str)
{
    LCD_Pos(x,y);                                //设置显示起始位置
    while(* str!= '\0')                          //显示一行,直到'\0'
    {
        LCD_Write(LCD_DATA,* str);               //写显示数据
        str++;                                   //显示数据指向下一位
    }
}
```

习题 1

如图 11-3 所示,P3.4/T0 引脚连接按键,P2.0 引脚连接发光二极管 D1,上电运行后,D1 点亮。要求每按 1 次按键,熄灭 D1;再按 4 次按键,点亮 D1,重复以上过程。

项目 11　计数器应用设计

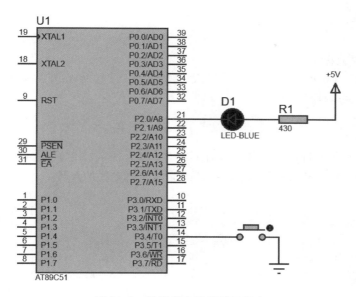

图 11-3　计数器应用设计习题 1

问题导入 2

如图 11-4 所示，P3.5/T1 引脚连接按键，每生产完一件产品，按下按键；每生产 5 件产品包装成一盒。使用 T1 计数器模式，工作方式 2，记录装盒的数量。使用数码管后 3 位显示盒数，假设最大值为 995。

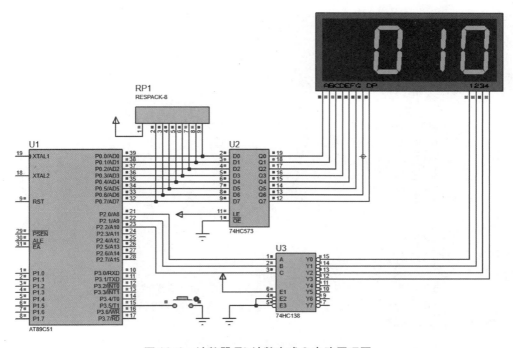

图 11-4　计数器 T1 计数方式 2 电路原理图

知识链接2

使用中断方式编程步骤如下：
①初始化：设定 TMOD，确定工作方式；计数初值 = 2^n – 计数个数；开中断；启动计数器工作。
②编写中断服务程序。

项目实现2

使用 T1 工作方式2，计数初值寄存器 TH1 和 TL1 设为 2^8 – 5 = 251。每计数 5 次（生产 5 个产品）产生一次中断。在中断服务程序中，将变量 cnt 加 1，即产品的盒数。

代码如下：

```c
#include <reg51.h>
#define uchar unsigned char
#define uint unsigned int
uchar code SEG[] = {0x3f,0x06,0x5b,0x4f,0x66,0x6d,0x7d,0x07,0x7f,0x6f,0x00};
                                            //段码
uchar DisBuff[4];                           //显示缓冲区
uint cnt;
void delayms(uint x)
{
    uchar i;
    while(x--)
     {
         for(i=0;i<120;i++);
     }
}
void WriteDisBuff()
{
    DisBuff[0] = 10;                        //不显示
    DisBuff[1] = cnt/100;                   //百位数
    DisBuff[2] = cnt%100/10;                //十位数
    DisBuff[3] = cnt%10;                    //个位数
}
void Display()
{
    uchar i;
    for(i=0;i<4;i++)
    {
        P2 = i;                             //显示位驱动码
        P0 = SEG[DisBuff[i]];               //显示字形码
        delayms(5);
    }
```

```
}
void main()
{
    TMOD = 0x60;              //T0,计数模式,工作方式 2
    TH1 = 0xfb;               //计数初始值
    TL1 = 0xfb;
    TR1 = 1;                  //启动
    ET1 = 1;                  //允许中断
    EA = 1;
    while(1)
    {
        WriteDisBuff();       //写显示缓冲区
        Display();            //显示
    }
}
void T1_ISR() interrupt 3     //T1 的中断服务程序
{
  cnt++;                      //盒数加 1
  if(cnt == 996)
    cnt = 0;
}
```

习题 2

设计一个简易频率计电路,利用定时/计数器实现简单的方波信号频率测量。

提示:测量信号频率有两种方法,测频法和测周法。测频法是利用测量单位时间内信号脉冲的个数来实现的;测周法是测量信号脉冲的周期,周期的倒数即为信号的频率。使用测频法时,使用一个定时/计数器工作在定时方式,产生 1 s 的定时时间;另一个定时/计数器工作在计数方式,测量 1 s 时间内计数脉冲的个数,即为信号的频率。

应用拓展

定时/计数器用于计数时,可以采用查询和中断两种方式。前者只需要启动计数,重复查询计数值,不需要做中断的初始化设置。而后者需要完成中断的初始化和中断服务程序的编写,程序执行效率较高。

项目 12 串行通信的使用

并行通信和串行通信是数据通信的两种常用形式。并行通信时数据各个位同时传送,通信控制简单、传输速度快。由于传输线较多,长距离传送时成本高。单片机 P0、P1、P2、P3 四个并口驱动外设进行的数据传输就是并行通信。串行通信需要逐位进行传输,成本低、容易使用、通信线路简单,但数据的传送控制比并行通信复杂。

学习目标

- 理解串行通信的特点及分类。
- 掌握单片机内部串口 4 种工作方式的特点及应用。
- 掌握双机通信的编程以及单工传输的特点。
- 理解全双工通信的特点。
- 理解主从通信方式。

问题导入 1

如图 12-1 所示,晶振频率为 11.059 2 MHz,编写程序控制 8 个发光二极管(D1～D8)由上向下循环点亮。

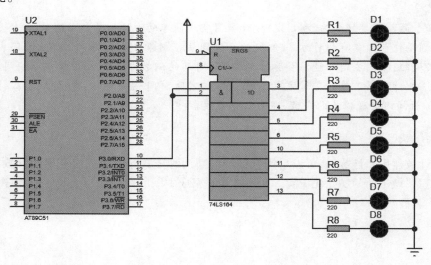

图 12-1　串行口方式 0 通过 74LS164 扩展对外输出原理图

知识链接 1

51 系列单片机内部有 1 个可编程的全双工串行通信接口,可作为通用异步接收发送设备

(universal asynchronous receiver/transmitter,UART),也可作为同步移位寄存器使用。

1. 串行口内部结构

串行口结构示意图如图 12-2 所示,包括数据发送缓冲器 SBUF、数据接收缓冲器 SBUF、发送控制器、接收控制器等。串行通信相关引脚为 P3.0(RXD)、P3.1(TXD)。

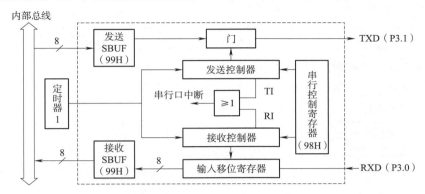

图 12-2　单片机串行口结构示意图

(1)数据缓冲器 SBUF(99H)

数据发送、接收缓冲器名称相同(SBUF)、地址相同,但物理上相互独立,一个只能用于发送数据(SBUF发),一个只能用于接收数据(SBUF收),通过读写指令区别。例如:

SBUF = 0x35;将 0x35 数值送到 SBUF,从而通过 TXD 引脚发送给外设,使用发送的 SBUF。

i = SBUF;通过 RXD 引脚接收的数据会自动放入接收的 SBUF,可以将 SBUF 的数据读到变量 i 中。这里使用接收的 SBUF。

(2)发送、接收控制器

发送控制器会将 SBUF发 中的并行数据转为串行数据,并自动添加起始位、可编程位、停止位。之后自动使发送中断标志位 TI 置 1,表明 SBUF发 中的数据已经输出到 TXD 引脚,目前 SBUF发 为空。

接收控制器将来自 RXD 引脚的串行数据转为并行数据,并自动过滤掉起始位、可编程位、停止位。之后自动使接收中断标志位 RI 置 1,表明接收的数据已存入 SBUF收,目前 SBUF收 已满。

2. 串行通信相关寄存器

(1)串行控制寄存器 SCON(98H)

SCON 主要用于工作方式的选择,功能如图 12-3 所示,其中 SM2、TB8、RB8 主要用于多机通信或数据校验。串行通信的 4 种工作方式见表 12-1。

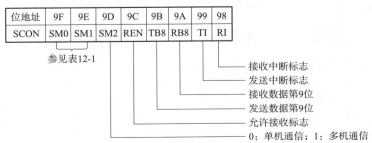

图 12-3　SCON 寄存器功能图

表 12-1 串行通信的 4 种工作方式

SM0	SM1	方式	功能说明
0	0	0	8 位同步移位寄存器
0	1	1	10 位数据异步通信
1	0	2	11 位数据异步通信
1	1	3	11 位数据异步通信

（2）电源控制寄存器 PCON（87H）

寄存器 PCON 中只有最高位 SMOD 与串口工作相关，可控制由 T1 产生的波特率时钟频率是否加倍，如图 12-4 所示。

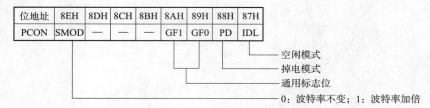

图 12-4 PCON 寄存器功能图

3. 数据帧格式

串行通信的数据按位进行传送，为保证数据的可靠传输，收发双方的通信波特率和数据帧格式应该一致。单片机串口的 4 种工作方式中，只有方式 1、方式 2、方式 3 能够实现串行异步通信，不同之处体现在波特率及数据帧格式上。通常一帧数据由低电平起始位、数据位、可编程位和高电平停止位等构成。只有方式 2、方式 3 有可编程位。数据帧格式如图 12-5 所示。不同工作方式下数据的位数及波特率见表 12-2。

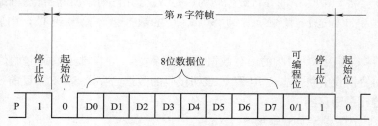

图 12-5 数据帧格式

表 12-2 串口不同工作方式时数据帧格式及波特率

方式	功能说明	数据帧格式	波特率/(bit/s)
0	8 位同步移位寄存器	8 位数据位	$1/12 f_{osc}$
1	10 位数据异步通信	8 位数据位、1 位起始位、1 位停止位	$\dfrac{2^{SMOD}}{32} \times$ T1 的溢出率
2	11 位数据异步通信	9 位数据位、1 位起始位、1 位停止位	$\dfrac{2^{SMOD}}{64} \times f_{osc}$
3	11 位数据异步通信	9 位数据位、1 位起始位、1 位停止位	$\dfrac{2^{SMOD}}{32} \times$ T1 的溢出率

4. 波特率计算

定时器 T1 用于产生收发所用的波特率时钟信号。方式 0 和方式 2 的波特率固定,方式 1 和方式 3 的波特率可由定时器 T1 的溢出率确定。

方式 0,波特率固定为时钟频率的 1/12,且不受 SMOD 位的影响。若时钟频率为 12 MHz,波特率则为 1 MHz,即 1 Mbit/s。

$$波特率 B = \frac{1}{12} \times f_{osc} \tag{12-1}$$

方式 2,波特率与 SMOD 位的值有关,计算公式为

$$波特率 B = \frac{2^{SMOD}}{64} \times f_{osc} \tag{12-2}$$

方式 1 或方式 3,常用定时器 T1 作为波特率发生器,计算公式为

$$波特率 B = \frac{2^{SMOD}}{32} \times T1 溢出率 = \frac{2^{SMOD}}{32} \times \frac{f_{osc}}{12 \times (2^n - a)} \tag{12-3}$$

式中,a 为计数初值。

T1 的溢出率为定时时间的倒数。当定时器 T1 工作在不同方式时,定时时间不同。通常选择定时器 T1 工作方式 2 ($n=8$) 作为波特率发生器,因其不需重装计数初值,定时精度较高。

5. 串口数据收发编程方法

串口数据收发的关键在于两点:一是发送和接收数据;二是确认发送/接收数据是否结束,有查询和中断两种常用的处理方式。

(1) 查询方式

对于发送程序,需先发送数据启动发送过程,再查询标志位 TI 确认是否可以发送下一个数据。对于接收程序,则需要先查询 RI 标志,确认接收的数据已存在再读取。程序流程图如图 12-6 所示。

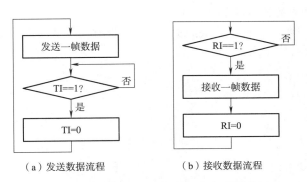

(a) 发送数据流程　　(b) 接收数据流程

图 12-6　查询方式收发数据程序流程图

例如:使用查询法,将 TI 和 RI 标志作为查询标志位,使用以下程序可完成发送。

```
SBUF = send;            //待发送的数据 send 赋给 SBUF
while(TI ==0);          //查询 TI 标志位状态,等待发送结束
TI = 0;                 //TI 标志位清零
```

使用以下程序可以完成接收。

```
while(RI ==1)            //查询 TI 标志位状态,等待接收结束
{
    RI = 0;              //RI 标志位清零
    receive = SBUF;      //接收到的数值 SBUF 赋给变量 receive
}
```

(2)中断方式

发送与接收共用一个串口中断,中断响应后服务程序中应判断是哪个中断。发送时,首先发送一个数据,等待 TI 中断请求到来,在中断服务程序中发送下一个数据;接收时,有 RI 中断请求,在中断服务程序中接收数据。

需要注意的是无论查询还是中断方式,发送或接收数据后,都需要软件清零 TI 或 RI。

项目实现 1

串口工作方式 0 为 8 位同步移位寄存器方式,波特率固定,RXD 引脚收、发数据,TXD 引脚输出同步脉冲。串口方式 0 的典型应用是外接串行输入、并行输出的同步移位寄存器(如 74LS164、74LS165、CD4094、CD4014 等),将串口扩展成为并口。

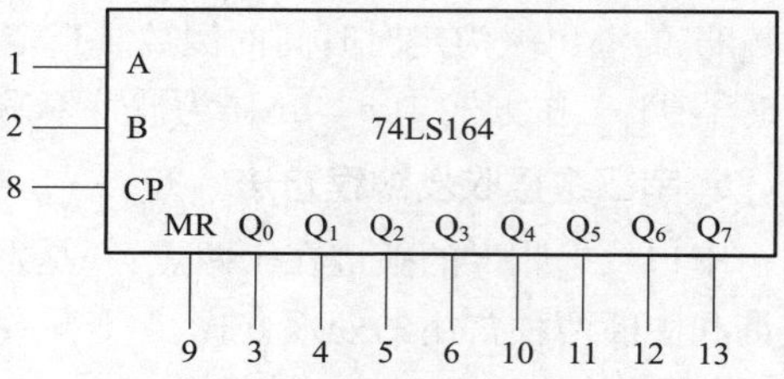

74LS164 为 8 位串入并出移位寄存器,如图 12-7 所示。

图 12-7 74LS164 原理框图

①清零端(MR)若为低电平,输出端($Q_0 \sim Q_7$)输出都为 0。

②A、B 为两路数据输入端,通常将输入信号同时用作 A、B 输入端。

③清零端若为高电平,且时钟端(CP)出现上升沿脉冲时,输出端 Q_0 锁存输入端的电平,数据依次右移 1 位,最先送入的数将首先到达 Q_7。

本题中欲使 D1~D8 由上向下点亮,而串口发送数据时要先发最低位,所以 SBUF 应发送 1000 0000B,每次循环右移 1 位。

```
#include <reg51.h>
#define uint unsigned int
void delayms(uint i)                      //函数:延时 ms
{
    uint j = 0;
    for(;i>0;i--)
        for(j=0;j<125;j++);
}
void main() {
    unsigned char index, LED;             //定义 LED 指针和显示字模
    SCON = 0;                             //设置串行模块工作在方式 0
    while (1) {
        LED = 0x80;
```

```
        for (index = 0;index < 8;index ++ ) {
            SBUF = LED;                          //控制 L0 灯点亮
            do {} while (! TI);                  //通过 TI 查询判别数据是否输出结束
            LED = (LED >> 1);                    //右移 1 位
            TI = 0;
            delayms (500);
        }
    }
}
```

习题 1

如图 12-8 所示,使用单片机串口方式 0 输出,经过 74LS164 转换成并行数据后驱动共阳极数码管循环显示 0~9 的数字。

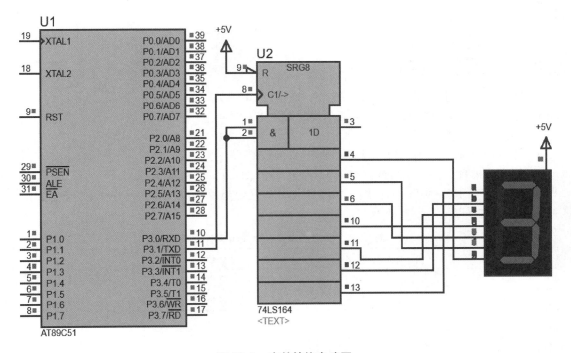

图 12-8 串并转换电路图

问题导入 2

如图 12-9 所示,单片机 A(A 机)与单片机 B(B 机)之间通过 RXD、TXD 引脚相连,双机时钟频率均采用 11.059 2 MHz,波特率为 9 600 bit/s。A 机 P1 口连接 8 个按键 S1~S8,B 机 P0 口连接一个共阴极数码管。要求采用查询法编程,将读入的 P1 口 8 个按键的序号,通过串口发送到 B 机,B 机将接收到的 A 机按键序号,在数码管上显示。

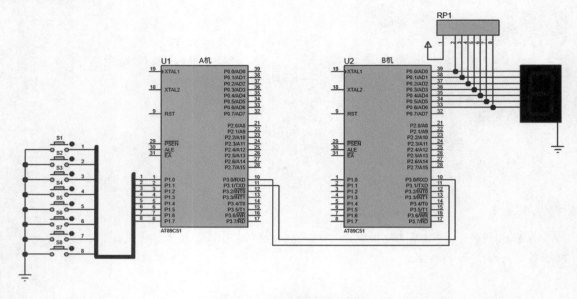

图 12-9 双机串行通信原理图

知识链接 2

串口工作方式 1 主要用于点对点(双机)通信,原理图如图 12-10 所示。一帧数据共 10 位,包括 1 位起始位、8 位数据位、1 位停止位,无校验,波特率可变。

工作方式 1 通信时钟初始化时需要对定时/计数器 T1 和 PCON 寄存器进行设置。当晶振频率为 11.059 2 MHz 时,可根据式(12-3)计算得到 T1 的计数初值 a。常用 SMOD 位、a、波特率组合也可以根据表 12-3 查到。

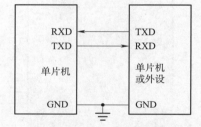

图 12-10 点对点双机通信原理图

表 12-3 串口工作方式 1 波特率参数表

序号	波特率/(bit/s)	SMOD 位	a
1	62 500	1	0xff
2	19 200	1	0xfd
3	9 600	0	0xfd
4	4 800	0	0xfa
5	2 400	0	0xf4
6	1 200	0	0xf8

项目实现 2

A 机程序如下:

```
#include <reg51.h>
#define uchar unsigned char
```

```c
#define uint unsigned int
void main()
{
    uchar data_send = 0;
    TMOD = 0x20;                //设置定时器 T1 为方式 2
    TH1 = 0xfd;                 //波特率设为 9 600
    TL1 = 0xfd;
    SCON = 0x40;                //方式 1 只发送,不接收
    PCON = 0x00;                //不倍频
    TR1 = 1;                    //启动 T1
    P1 = 0xff;                  // P1 口为输入
    while(1)
    {
        data_send = P1;         //读入 P1 口开关的状态数据
        SBUF = data_send;
        while(TI == 0);         //如果 TI = 0,未发送完,循环等待
        TI = 0;                 //已发送完,把 TI 清零
    }
}
```

B 机程序如下:

```c
#include <reg51.h>
#define uchar unsigned char
uchar led_mod_yin[] = {0x3F,0x06,0x5B,0x4F,0x66,0x6D,0x7D,0x07,0x00};   //段码
uchar key_buf[] = {0xFE, 0xFD, 0xFB, 0xF7,0xEF, 0xDF, 0xBF, 0x7F};      //键值码值
uchar getKey(uchar x)                   //函数:查找闭合键键号
{
    uchar i = 0;
    for (i = 0;i < 8;i++)
    {
        if (key_buf[i] == x) return i;
    }
    return 8;                           //无键闭合返回 8
}
void main()
{
    uchar key = 0;
    uchar data_receive = 0;
    TMOD = 0x20;                        //设置定时器 T1 为方式 2
    TH1 = 0xfd;                         //波特率设为 9 600
    TL1 = 0xfd;
    SCON = 0x50;                        //设置串口为方式 1,允许接收
```

```
            PCON = 0x00;                              //SMOD = 0
            TR1 = 1;                                  //启动 T1
            while(1)
            {
                while(RI == 0);
                RI = 0;
                data_receive = SBUF;
                if (data_receive! = oxff)
                {
                  key = getKey(data_receive);
                  P0 = led_mod_yin[key];              //数码管显示按下按键的编号
                }
            }
        }
```

习题 2

如图 12-9 所示,双机时钟频率均采用 11.059 2 MHz,波特率为 4 800 bit/s。A 机 P1 口连接 8 个按键 S1～S8,B 机 P0 口连接共阴极数码管。要求采用中断法编程,将按键序号通过串口发送到 B 机,B 机接收按键序号并在数码管上显示。

问题导入 3

如图 12-11 所示,晶振频率为 11.059 2 MHz,A、B 两单片机系统进行串行通信,采用工作方式 2。A 机把控制 8 个流水灯从 D1～D8 顺序点亮(间隔 1 s)的数据发送给 B 机,同时发送相应奇偶校验码。B 机接收后先进行奇偶校验,若结果无误,则按照接收数据顺序点亮相应的发光二极管;否则抛弃此帧数据。

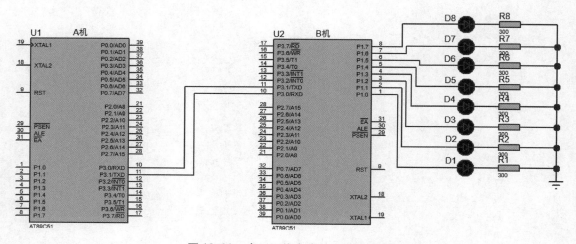

图 12-11　串口工作方式 2 工作原理图

知识链接 3

串口工作方式 2 与工作方式 1 数据帧格式和波特率都不相同,工作方式 2 一帧信息为 11 位,第 0 位为起始位,第 1~8 位为数据位,第 9 位为用户设置的 TB8 位(奇偶校验位),第 10 位是停止位。发送数据前需给 TB8 赋值,发送时硬件将 TB8 位作为可编程位插入数据帧中;接收时由硬件方式将数据帧的可编程位存入 RB8 中。

方式 2 通信波特率仅与晶振频率 f_{osc} 和 SMOD 有关,见表 12-2。

项目实现 3

A 机程序如下:

```c
#include <reg51.h>
#define uint unsigned int
#define uchar unsigned char
uchar Tab[8] = {0x01,0x02,0x04,0x08,0x10,0x20,0x40,0x80};
void delayms(uint i)                     //函数:延时 ms
{
    uint j=0;
    for(;i>0;i--)
        for(j=0;j<125;j++);
}
void main(void)
{
    uchar i;
    SCON=0x80;                           //设置串口为工作方式 2
    PCON=0x80;                           //波特率加倍
    while(1)
    {
        for(i=0;i<8;i++)
        {
            ACC=Tab[i];                  //改变 ACC,同时形成 P 标志
            TB8=P;
            SBUF=Tab[i];                 //形成 9 位数据放在 TB8、SBUF
            while(TI==0);                //等待发送完成
            TI=0;                        //TI 标志位清零
            delayms(1000);               //间隔 1s 发送一次数据
        }
    }
}
```

B 机程序如下:

```c
#include <reg51.h>
#define uchar unsigned char
```

```c
void main(void)
{
    uchar dat;
    SCON = 0x90;              //设置串口为工作方式 2,允许接收
    PCON = 0x80;
    while(1)
    {
        while(RI ==1)         //检测接收标志位 RI,接收是否结束
        {
            RI = 0;           //RI 标志位清零
            dat = SBUF;
            ACC = dat;        //将接收到的数据送入 ACC,同时形成 P 标志
            if(P == RB8)
            P1 = dat;
                              //形成的奇偶校验标志 P 与接收到的标志 RB8 比较,校验成
                              //  功才接收数据
        }
    }
}
```

习题 3

如图 12-12 所示,A、B 双机进行串行通信,双方晶振频率均采用 11.059 2 MHz,A 机采用查询法发送数据,B 机采用中断法接收。A 机发送数据 0123456789,并在串口终端进行显示;B 机将接收的数据在串口终端显示。要求使用奇校验保证数据传输准确性。

提示:接收端单片机使用中断法,需编写中断服务程序,对接收的数据进行处理,并对中断标志位 RI 进行清零。

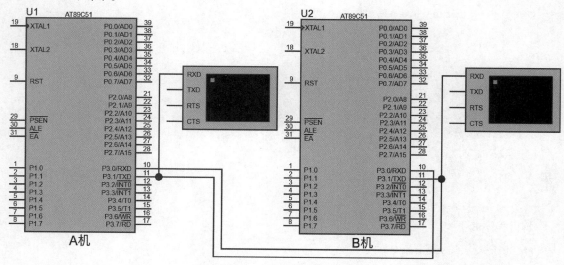

图 12-12 双机串行通信习题

问题导入 4

如图 12-13 所示,电路中系统晶振频率为 11.059 2 MHz。M 单片机为主机,A、B 单片机为从机。K1、K2 为发送控制键,每按 1 次,主机向相应从机发送地址与循环点亮相应的 LED 灯的数据,收到对应自己的地址的从机会使该从机的选通指示发光二极管(DA 或者 DB)闪烁。要求通信采用串口工作方式 3,波特率 9 600 bit/s,主机采用查询法,从机接收采用中断法。

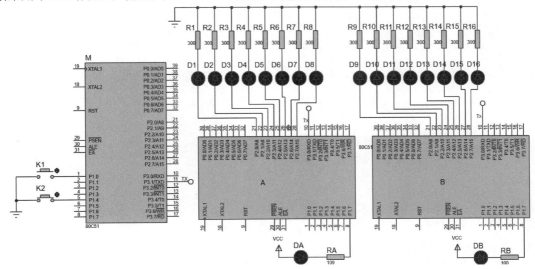

图 12-13 串口工作方式 3 工作原理图

知识链接 4

工作方式 3 和工作方式 2 相比,除了波特率的差别外,其他都相同。工作方式 3 的波特率设置与工作方式 1 相同。

当采用工作方式 3 多机通信时,主机与各从机之间能实现双向通信,而各从机之间不能直接通信,只能通过主机才能沟通,每台从机都有独立的地址编号。串行口以方式 2 或方式 3 接收时,SM2 标志很重要。当 SM2 =1 时,只接收第 9 位为 1 的帧(地址帧);当 SM2 =0 时,第 9 位不影响接收。

多机通信的原理如下:

①所有从机都先使自己的 SM2 =1,而主机在发送地址帧信息时先使 TB8 =1。这样,所有从机都能产生中断请求,并能接收到主机发来的地址信息。

②各从机将主机发来的地址与本机地址编号相比较。若与本机相符(即命中),则该从机使自己的 SM2 =0,其余从机仍旧保持 SM2 =1。

③主机接着发送 TB8 =0 的数据帧信息。此时只有命中机(SM2 =0)有中断请求,其他从机均无反应。

项目实现 4

主单片机(M)程序如下:

```
#include <reg51.h>
#define uchar unsigned char
```

```c
#define ADDRA 1                          //从机 A 地址
#define ADDRB 2                          //从机 B 地址
uchar KeyValue=0;                        //键值
uchar slave_A=0,slave_B=0;               //子机当前发送字符指针
unsigned char Tab[8]={0x80,0x40,0x20,0x10,0x08,0x04,0x02,0x01};
void delay(uchar time)                   //函数:延时
{
    uchar i,j;
    for(i=0;i<time;i++)
        for(j=0;j<125;j++);
}
void send_slave(uchar slave_number)//函数:发送 LED 流水灯数据程序
{
    delay(200);
    SCON=0xc0;                //串口工作方式 3、多机通信、禁止接收、中断标志清零
    TMOD=0x20;                //T1 定时方式 2
    TH1=TL1=0xfd;             //9 600 bit/s
    TR1=1;                    //启动 T1
    TB8=1;                    //发送地址帧
    SBUF=slave_number;
    while(TI==0);             //等待地址帧发送结束
    TI=0;                     //清 TI 标志
    TB8=0;                    //准备发送数据帧
    switch(slave_number)      //切换子机
    {
        case 1:
        {
            SBUF=Tab[slave_A++];      //发送 A 机数据
            if(slave_A>=8) slave_A=0; break;
        }
        case 2:
        {
            SBUF=Tab[slave_B++];      //发送 B 机数据
            if(slave_B>=8) slave_B=0; break;
        }
        default: break;
        while(TI==0);
        TI=0;
    }
}
main()
{
```

```
    while(1)
    {
        P1 = 0xff;
        while(P1 == 0xff);              //检测按键是否按下
        switch(P1)                      //切换A、B子机
        {
            case 0xfe: send_slave(ADDRA);break;
            case 0xef: send_slave(ADDRB);break;
        }
    }
}
```

从单片机(A)程序如下：

```
#include <reg51.h>
#define A_ADDR 1
#define uchar unsigned char
uchar i,j;
sbit P1_7 = P1^7;
main()
{
    SCON = 0xf0;                //串口工作方式3、多机通信、允许接收
    TMOD = 0x20;                //T1定时方式2
    TH1 = TL1 = 0xfd;           //9 600 bit/s
    TR1 = 1;                    //启动T1
    ES = 1;EA = 1;              //开中断
    P2 = 0;
    while(1);
}
void receive(void) interrupt 4
{
    RI = 0;
    if(RB8 == 1)
    {
        if(SBUF == A_ADDR)
        {
            SM2 = 0;
            P1_7 = ! P1_7;
        }
        return;
    }
    P2 = SBUF;
    SM2 = 1;
}
```

从单片机(B)程序如下：

```c
#include <reg51.h>
#define B_ADDR 2
#define uchar unsigned char
uchar i,j;
sbit P1_7 = P1^7;
main()
{
    SCON = 0xf0;              //串口工作方式3、多机通信、允许接收
    TMOD = 0x20;              //T1定时方式2
    TH1 = TL1 = 0xfd;         //9 600 bit/s
    TR1 = 1;                  //启动T1
    ES = 1;EA = 1;            //开中断
    P2 = 0;
    while(1);
}
void receive(void) interrupt 4
{
    RI = 0;
    if(RB8 == 1)
    {
        if(SBUF == B_ADDR)
        {
            SM2 = 0;
            P1_7 = ! P1_7;
        }
        return;
    }
    P2 = SBUF;
    SM2 = 1;
}
```

习题 4

如图12-13所示，主从机异步通信模式中，主机是如何与多个从机进行点对点通信的？请描述其过程。

应用拓展

使用单片机的串口，需要先进行初始化设置，再传输数据。如果使用工作方式0和工作方式2，只需要初始化串口寄存器；如果使用工作方式1、工作方式3，则需要初始化串口、定时器T1。串行通信工作方式的选择要依据其数据帧格式和波特率的特点。

项目 13 EEPROM 的应用

I^2C(inter-integrated circuit)总线是由 PHILIPS 公司开发的两线式串行总线,用于连接微控制器及其外围设备,是微电子通信控制领域广泛采用的一种总线标准。它是同步通信的一种特殊形式,具有接口线少,控制方式简单,器件封装形式小,通信速率较高等优点。

AT24C 系列 EEPROM 是 I^2C 总线器件的典型代表,有 24C02/24C04/24C08/24C16/24C32/24C64 等芯片,名字后两位即存储容量,例如 24C04 存储容量为 4 Kbit,24C64 存储容量为 64 Kbit。本项目以 24C04 为例完成,其他芯片原理类似。

学习目标

- 熟悉 I^2C 总线的基本概念、特性。
- 掌握 I^2C 总线的基本操作。
- 掌握 I^2C 接口的 EEPROM 存储器原理和程序设计方法。
- 学习时序图的阅读,掌握使用 I/O 口模拟 I^2C 时序的方法。

问题导入

如图 13-1 所示,将数字 0~99 写入 24C04 存储器的 0~99 地址。再读出 0~99 地址单元的数据,显示在数码管上,显示时间间隔为 500 ms。

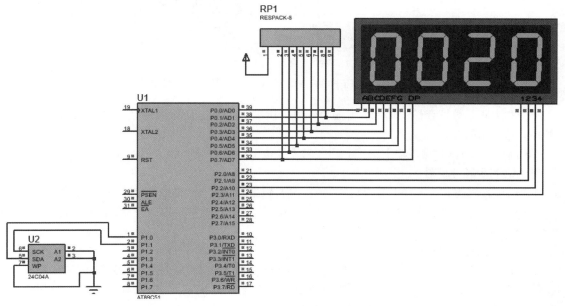

图 13-1 24C04 存储器实验电路原理图

EEPROM(electrically-erasable programmable read-only memory)即电擦除可编程只读存储器。其特点是存储器中的数据信息在失电情况下不会丢失,且存储内容可用电信号擦写。EEPROM 具有电压范围宽(1.8~5.5 V)、接口简单(2 线)、体积小(8 引脚)、数据保存可靠(可存储 100 年)、功耗低等优点,在单片机系统中应用广泛。

1. AT24C××的基本特性

该芯片主要由片内控制单元和 EEPROM 阵列组成,片内控制单元包括启动停止逻辑、串行控制逻辑、器件地址比较器、数据地址/计数器等,如图 13-2 所示。

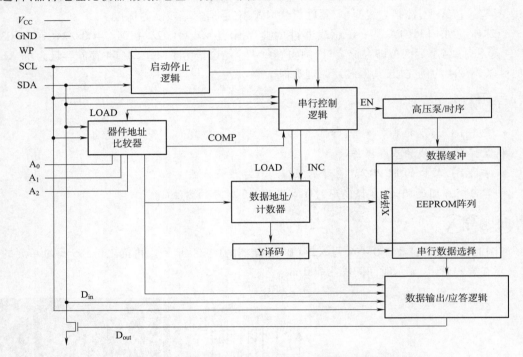

图 13-2 EEPROM AT24C××系列器件结构框图

EEPROM 是数据存储的单元。升压单元可提供编程高电压,因而系统只用单电源供电即可。主要引脚功能如下:

SDA:双向串行数据传输引脚,漏极开路,需外接上拉电阻,典型值为 10 kΩ。

SCL:同步脉冲信号。

WP:硬件写保护。当 WP 接高电平时写保护,数据只读。WP 接地时,允许正常读写。

A0~A2:器件地址输入引脚。AT24C04 的 A0 为空引脚,通常接地,单总线系统上最多可寻址 4 个 4 Kbit 设备。

2. I^2C 总线通信时序

AT24C04 支持 I^2C 总线传输协议。I^2C 总线是一种双向、两线制接口,分别是串行数据线(SDA)和串行时钟线(SCL),两根线都必须通过一个上拉电阻接到电源,典型 I^2C 总线配置如图 13-3 所示。

项目13　EEPROM 的应用

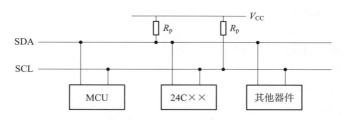

图 13-3　典型 I²C 总线配置图

总线上发送数据的器件称为发送器,接收数据的器件称为接收器。控制信息交换的器件称为主器件,受主器件控制的器件称为从器件。主器件产生串行时钟 SCL,控制总线的访问状态,产生 START 和 STOP 条件。

AT24C04 在 I²C 总线中作为从器件工作。只有当总线处于空闲状态时才可以启动数据传输。主机通过设备地址与设备之间建立通信,通过通信协议保证数据收发。

I²C 总线的信号类型主要有三种:起始信号、终止信号和应答信号,时序图如图 13-4 所示。

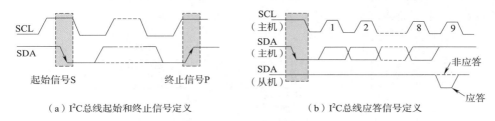

（a）I²C总线起始和终止信号定义　　　　（b）I²C总线应答信号定义

图 13-4　I²C 总线的信号类型

起始信号:SCL 为高电平时,SDA 由高电平向低电平跳变,开始传送数据。

终止信号:SCL 为高电平时,SDA 由低电平向高电平跳变,结束传送数据。

应答信号是接收数据一方在接收到 8 bit 数据后,向发送数据一方发出特定的低电平脉冲,表示已收到数据。CPU 向受控单元发出一个信号后,等待受控单元发出一个应答信号,CPU 收到应答信号后,根据实际情况做出是否继续传递的判断。若未收到应答信号,则判断为受控单元出现故障。

数据传送时,时钟信号高电平期间,数据线上的数据必须保持稳定,只有在时钟线上的信号为低电平期间,数据线上的高电平或低电平状态才允许变化。

3. AT24C04 的地址

AT24C04 的存储容量为 4 Kbit(512 B),内容分成 32 页,每页 16 B,每次可连续写入 16 字节数据。操作时使用到两种地址:器件地址和片内子地址。

（1）器件地址

主器件启动了 I²C 总线后,所有从器件均处于接收状态,接收主器件发送来的寻址信息 SLA (service level agreement),并与自身的"器件地址"比较,如果相符,则通过 SDA 引脚回送低电平"应答信号";反之,不做任何响应。

如图 13-5 所示,AT24C04 的器件地址高 4 位为 1010B,是器件类型识别符的编码,用户无权更改。使用 A2、A1 作为硬件地址输入引脚,由用户设计,总线上可以级联 4 个 AT24C04。

AT24C04 的数据空间由 P0 位辅助分为两部分操作,每部分 256 B。当 P0 为"0"时,将对

AT24C04 的 0~255 空间的数据进行操作；当 P0 为"1"时，将对 AT24C04 的 256~511 空间的数据进行操作。

因而其器件地址控制字格式为 1010 A2 A1 P0 R/W。

（2）片内子地址

片内子地址可用于对内部每部分的 256 B 中的任一个进行读/写，其寻址范围为 00~FF。

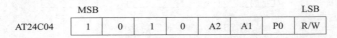

图 13-5　AT24C04 器件地址的构成

4. AT24C04 的操作

（1）写字节操作

每次数据传输均开始于 START 条件，结束于 STOP 条件。写操作要求在接收器件地址和 ACK 应答后，接收 8 位的字地址（AT24C04 器件内部子地址）。接收到这个地址后，EEPROM 产生应答信号"0"，然后是一个 8 位数据。在接收 8 位数据后，EEPROM 产生应答信号"0"，最后必须由主器件发送停止条件来终止写序列，时序图如图 13-6 所示。

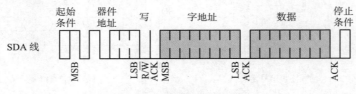

图 13-6　写字节时序图

按照图 13-6，AT24C04 完成写字节操作共需要 8 步流程：

①主机发送 START 起始条件；

②主机发送 AT24C04 器件地址（写）；

③地址相符的 AT24C04 器件发送 ACK 应答信号；

④主机发送 AT24C04 内部子地址；

⑤AT24C04 器件发送 ACK 应答信号；

⑥主机发送 8 位数据；

⑦AT24C04 器件发送 ACK 应答信号；

⑧主机发送 STOP 终止条件。

向 AT24C04 的 Address 子地址写字节数据 dat 对应操作的子函数如下：

```
void WrByteToROM(uchar Address,uchar dat)
{
    Start();                //主机发送 START 起始条件
    Send(0xa0);             //主机发送 AT24C04 器件地址(写)
    Ack();                  //地址相符的 AT24C04 器件发送 ACK 应答信号
    Send(Address);          //主机发送 AT24C04 器件内部子地址
    Ack();                  //AT24C04 器件发送 ACK 应答信号
    Send(dat);              //主机发送 8 位数据
```

```
    Ack();                              //AT24C04 器件发送 ACK 应答信号
    Stop();                             //主机发送 STOP 终止条件
    delayms(20);
}
```

（2）读字节操作

读字节操作需先写一个目标字地址，一旦 EEPROM 接收器件地址和子地址并应答了 ACK，主器件就产生一个重复的起始条件。之后，主器件发送器件地址（读/写选择位为"1"），EEPROM 应答 ACK，并随时钟送出数据。主器件无须应答"0"，但需发送停止条件，时序图如图 13-7 所示。

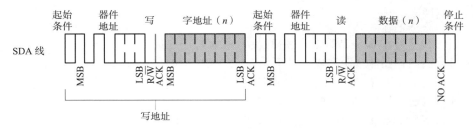

图 13-7　读字节时序图

按照图 13-7，AT24C04 完成读字节共需要 11 步操作，其中前 5 步与 AT24C04 写字节操作相同：

①主机发送 START 起始条件；
②主机发送 AT24C04 器件地址（写）；
③地址相符的 AT24C04 器件发送 ACK 应答信号；
④主机发送 AT24C04 器件内部子地址；
⑤AT24C04 器件发送 ACK 应答信号；
⑥主机重新发送 START 起始条件；
⑦主机发送 AT24C04 器件地址（读）；
⑧AT24C04 器件发送 ACK 应答信号；
⑨主机读取数据；
⑩反向应答信号；
⑪主机发送 STOP 终止条件。

从 AT24C04 的 Address 子地址读字节数据对应操作的子函数如下：

```
uchar RdByteFromROM(uchar Address)
{
    uchar temp;
    Start();                            //主机发送 START 起始条件
    Send(0xa0);                         //主机发送 AT24C04 器件地址（写）
    Ack();                              //地址相符的 AT24C04 器件发送 ACK 应答信号
    Send(Address);                      //主机发送 AT24C04 器件内部子地址
    Ack();                              //AT24C04 器件发送 ACK 应答信号
    Start();                            //主机重新发送 START 起始条件
```

```
        Send(0xa1);              //主机发送 AT24C04 器件地址(读)
        Ack();                   //AT24C04 器件发送 ACK 应答信号
        temp = Read();           //主机读取数据
        SCL = 0;
        NoAck();                 //反向应答信号
        Stop();                  //主机发送 STOP 终止条件
        return temp;
    }
```

项目实现

若主器件和从器件都是 I^2C 总线接口设备,通信时序中的逻辑环节可以由内置硬件自动完成。对于无 I^2C 总线接口的主器件,如 51 系列单片机等,为使其能与 AT24C×× 通信,可以利用两条 I/O 口线通过软件方法模拟 I^2C 总线时序。

主程序流程图如图 13-8 所示。初始化定时/计数器 T0,定时 5 ms,用于数码管动态刷新显示。将数字 0 ~ 99 写入 AT24C04 的地址为 0 ~ 99 存储单元中。主循环中间隔 500 ms 读出一个 AT24C04 存储单元中的数据,地址在 0 ~ 99 循环,每读出一个数据,写入显示缓冲区,在数码管上循环显示 0 ~ 99。

主程序:

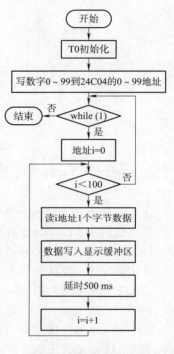

图 13-8 主程序流程图

```
#include <reg51.h>
#include "IIC24c04.h"
#define uchar unsigned char
#define uint unsigned int
uchar code SEG[ ] = {0x3f,0x06,0x5b,0x4f,0x66,
0x6d,0x7d,0x07,0x7f,0x6f};          //段码
uchar code W[ ] = {0xfe,0xfd,0xfb,0xf7};    //位码
uchar disBuff[4];                   //显示缓冲区
uint count = 0;

void wrDisBuff()                    //写显示缓冲区
{
    disBuff[0] = count/1000% 10;    //千位
    disBuff[1] = count/100% 10;     //百位
    disBuff[2] = count/10% 10;      //十位
    disBuff[3] = count% 10;         //个位
}
void T0_init()
{
    TMOD = 0x01;                    //T0 定时方式 1
```

```c
        TH0 = (65536 - 5000)/256;
        TL0 = (65536 - 5000)%256;          //5 ms
        ET0 = 1;
        EA = 1;
        TR0 = 1;
}
main()
{
    uchar i;
    T0_init();                             //T0 初始化
    for(i=0;i<100;i++)
    {
        WrByteToROM(i,i);                  //写 0~99 到 AT24C04,地址 0~99
    }
    while(1)
    {
        for(i=0;i<100;i++)
        {
            count = RdByteFromROM(i);//读出 AT24C04 地址 i 的数据
            wrDisBuff();                   //写入显示缓冲区
            delayms(500);
        }

    }
}
uchar cnt = 0;
void T0_ISR() interrupt 1                  //定时时间 5 ms
{
    TH0 = (65536 - 5000)/256;
    TL0 = (65536 - 5000)%256;
    P2 = W[cnt];                           //输出位控制码
    P0 = SEG[disBuff[cnt]];                //输出段码
    cnt++;
    if(cnt == 4)                           //4 位 LED 动态显示,如果 cnt=4,重新从第一位开始显示
    cnt = 0;
}
```

头文件 IIC24C04.h:

```c
#ifndef _IIC20C04_H_
#define _IIC24C04_H_

#include <reg51.h>
```

```c
#define uchar unsigned char
#define uint unsigned int
sbit SCL = P1^1;            //AT24C02 串行时钟
sbit SDA = P1^0;            //AT24C02 串行数据

void delayms(uint x);
void WrByteToROM(uchar Address,uchar dat);
uchar RdByteFromROM( uchar Address);
void  RdFromROM(uchar Data[ ],uchar Address, uchar Num);
void  WrToROM(uchar Data[ ],uchar Address, uchar Num);
#endif
```

驱动文件 IIC24C04.c：

```c
#include "IIC24C04.h"
#include <intrins.h>
void delayms(uint x)
{
  uchar i;
  while(x--)
  {
     for(i=0;i<120;i++)
     {;}
  }
}
void Nop(void)               //空操作
{
    _nop_();
    _nop_();
    _nop_();
    _nop_();
}
void Start(void)             //起始条件,使用 I/O 口模拟 I²C 时序
{
    SDA=1;
    SCL=1;
    Nop();
    SDA=0;
    Nop();
}
void Stop(void)              //停止条件
{
    SDA=0;
```

```c
        SCL = 1;
        Nop();
        SDA = 1;
        Nop();
}
void Ack(void)                          //应答位
{
        SDA = 0;
        Nop();
        SCL = 1;
        Nop();
        SCL = 0;
}
void NoAck(void)                        //反向应答位
{
        SDA = 1;
        Nop();
        SCL = 1;
        Nop();
        SCL = 0;
}
void Send(uchar Data)                   //发送数据子程序,Data 为要求发送的数据
{
        uchar BitCounter = 8;
        uchar temp;
        do
        {
                temp = Data;
                SCL = 0;
                Nop();
                if((temp&0x80) == 0x80)
                    SDA = 1;
                else
                    SDA = 0;
                SCL = 1;
                temp = Data << 1;
                Data = temp;
                BitCounter --;
        } while(BitCounter);
        SCL = 0;
}
uchar Read(void)                        //读一字节的数据,并返回该字节值
```

```c
{
  uchar temp=0;
    uchar temp1=0;
    uchar BitCounter=8;
    SDA=1;
    do{
        SCL=0;
        Nop();
        SCL=1;
        Nop();
        if(SDA)
        temp=temp|0x01;
      else
        temp=temp&0xfe;
        if(BitCounter-1)
        {
            temp1=temp<<1;
            temp=temp1;
        }
     BitCounter--;
    }while(BitCounter);
    return(temp);
}
   /* 将 Data[ ]中的数据,从地址 Address 开始,写 Num 个数据到 AT24C04
      Data[ ]为存放数据的数组;Address 为 AT24C04 的起始地址;Num 为数据个数*/
void WrToROM(uchar Data[ ],uchar Address,uchar Num)
{
 uchar i;
 uchar * PData;
 PData=Data;
 for(i=0;i<Num;i++)
 {
  Start();
  Send(0xa0);
  Ack();
  Send(Address+i);
  Ack();
  Send(*(PData+i));
  Ack();
  Stop();
  delayms(20);
 }
```

}
/* 写1 Byte 数据到 AT24C04, Address 为地址, dat 为数据*/
    void WrByteToROM(uchar Address,uchar dat)
{
    Start();
    Send(0xa0);
    Ack();
    Send(Address);
    Ack();
    Send(dat);
    Ack();
    Stop();
    delayms(20);
}

/* 从地址 Address 开始,读 AT24C04 中 Num 个数据,存放到将 Data[ ]中
    Data[ ]为存放数据的数组;Address 为 AT24C04 的起始地址;Num 为数据个数*/
void RdFromROM(uchar Data[ ],uchar Address,uchar Num)
{
  uchar i;
  uchar * PData;
  PData = Data;
  for(i = 0;i < Num;i ++)
   {
     Start();
     Send(0xa0);
     Ack();
     Send(Address + i);
     Ack();
     Start();
     Send(0xa1);
     Ack();
     * (PData + i) = Read();
     SCL = 0;
     NoAck();
     Stop();
   }
}
/* 从 AT24C04 中读 1Byte 数据 */
uchar RdByteFromROM(uchar Address)
{
    uchar temp;

```
        Start();
        Send(0xa0);
        Ack();
        Send(Address);
        Ack();
        Start();
        Send(0xa1);
        Ack();
        temp = Read();
        SCL = 0;
        NoAck();
        Stop();
        return temp;
}
```

习题

设计一个电子密码锁,使用 AT24C04 存储密码。

应用拓展

AT24C04 存储器可以作为永久数据存储器,在程序中需要掉电后保存的数据可以保存在 AT24C04 中。

项目 14　DS1302 数字时钟的设计

　　DS1302 是美国 DALLAS 公司推出的一种高性能、低功耗、带 RAM 的实时时钟芯片，它可以对年、月、日、星期、时、分、秒进行计时，具有闰年补偿功能，工作电压为 2.5～5.5 V。采用 SPI 三线接口与 CPU 进行同步通信，并可采用突发方式一次传送多个字节的时钟信号或 RAM 数据。内部有一个 31 字节的静态 RAM 存储器。DS1302 广泛应用于测量系统中，用于对某些具有特殊意义的数据点记录时，实现数据与出现该数据的时间同时记录。

学习目标

- 熟悉 DS1302 的工作原理和程序设计方法。
- 了解 SPI 通信协议和编程方法。

问题导入

　　利用 51 单片机和 DS1302 时钟芯片实现实时时钟功能，在 LCD1602 液晶屏上显示年、月、日、时、分、秒，原理图如图 14-1 所示。

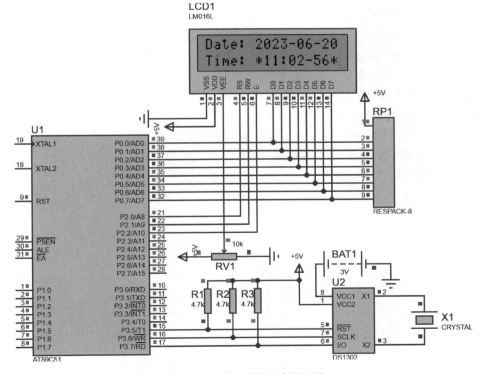

图 14-1　实时时钟设计原理图

1. DS1302 内部结构

DS1302 内含有实时时钟/日历、31 字节静态 RAM、移位寄存器、控制逻辑和电源控制等部分,内部结构图如图 14-2 所示。其中,实时时钟/日历电路提供秒、分、时、日、周、月、年的信息,每月的天数和闰年的天数可自动调整。通过静态 RAM 可以对 DS1302 进行设置,例如时钟操作可通过 AM/PM 指示决定采用 24 h 或 12 h 格式。

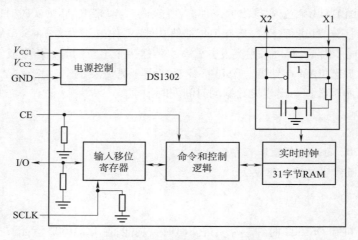

图 14-2 DS1302 的内部结构图

2. DS1302 与单片机的连接

DS1302 与单片机之间能简单地采用同步串行通信的方式,仅需 3 根线:CE 片选引脚、I/O 数据线和 SCLK 串行时钟;数据可以每次一个字节的单字节形式或多达 31 字节的多字节形式传输。典型电路如图 14-3 所示。芯片引脚功能如下:

① V_{CC1} 连接备用电池,V_{CC2} 连接主电源。
② X1 和 X2 引脚通常外接 32.768 kHz 晶振。
③ CE:片选引脚,读或写的时候该引脚必须输入高电平,引脚内部有 40 kΩ 的下拉电阻。
④ I/O:输入或推挽方式输出。数据双向传输,引脚内部有 40 kΩ 的下拉电阻。
⑤ SCLK:数据传输时输入的同步时钟,内部有 40 kΩ 的下拉电阻。

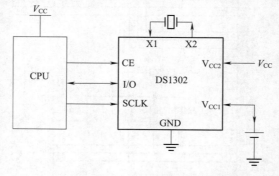

图 14-3 DS1302 与单片机之间通信的典型电路

3. 控制字及内部寄存器

DS1302 的控制字启动每次数据传输,格式如图 14-4 所示。D6 位表示选择 RAM 单元或 CLOCK。D5～D1 指明了寄存器地址,D0 位决定了读或写操作。因而操作 RAM 单元的控制字为 0C0H～0FDH,其中奇数为读操作,偶数为写操作。这里使用时钟功能,与涓流充电有关的 31 字节 RAM 操作这里不做详细的介绍。

DS1302 有 12 个寄存器,其中有 7 个寄存器与日历、时钟相关,存放的数据位为 BCD 码形式,见表 14-1,可以看出这些寄存器的读写地址、日历和时间的存储、取值范围等。如果读取当前时间,则从地址 81H 开始的奇地址单元,连续读取 7 字节,分别为秒、分、时、日、月、星期几、年。如设置日历时间则使用偶地址。秒寄存器的第 7 位被定义为时钟停止(CH)标志。当该位被设置为逻辑 1 时,时钟振荡器停止,DS1302 被置于低功耗待机模式,电流小于 100 nA。当此位写入逻辑 0 时,时钟将启动。时寄存器的 D7 位定义为 12 或 24 小时选择位。当为高时,选择 12 小时模式。在 12 小时模式中,D5 位为 AM/PM 位,为高电平时是 PM。在 24 小时模式中,D5 位是第 2 个 10 小时位(20～23 小时)。例如,写 0x09 表示 12 小时制下午 9 时,写 0x09 表示 24 小时制上午 9 时。

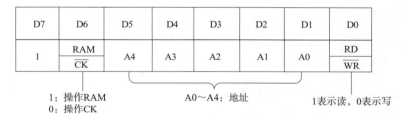

图 14-4 控制字格式

表 14-1 RTC 相关寄存器

寄存器名称	读地址	写地址	D7	D6	D5	D4	D3	D2	D1	D0	范围
秒寄存器	81H	80H	CH		秒(十位)			秒(个位)			00～59
分寄存器	83H	82H		分(十位)				分(个位)			00～59
时寄存器	85H	84H	12/24	0	10 AM/PM	时(十位)		时(个位)			1～12/ 0～23
日寄存器	87H	86H	0	0	日(十位)			日(个位)			1～31
月寄存器	89H	88H	0	0	0	月(十位)		月(个位)			1～12
周寄存器	8BH	8AH	0	0	0	0	0		周几		1～7
年寄存器	8DH	8CH		年(十位)				年(个位)			00～99

4. 时序图与数据读写

DS1302 是 3 线 SPI(serial peripheral interface)接口,需要使用 51 单片机的 3 个 I/O 口模拟 SPI 时序与 DS1302 通信。图 14-5 为 DS1302 单字节读写的时序,在时钟的上升沿,I/O 口的数据将会被写入;在时钟的下降沿,时钟芯片的数据将会被读出。单字节写(write)需要 16 个脉冲,先写控制字,再写入数据,在时钟上升沿需要准备好数据。单字节读(read)只需要 15 个脉冲,在写命令字的最后一个时钟的下降沿进入数据的读过程。数据总是从 LSB 开始传输。

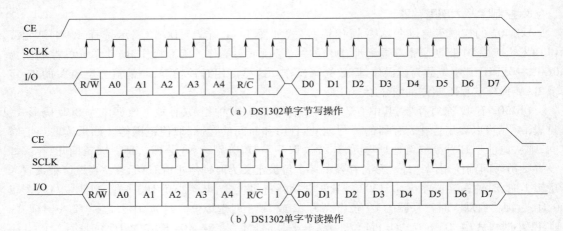

图 14-5 单字节读写时序

项目实现

这里构建了 3 个数组,具体如下:

```
uchar Date[ ] = {"Date: 2000-00-00 "};
uchar Time[ ] = {"Time: * 00:00-00* "};
uchar date_time[7];
```

date_time 数组存放从 DS1302 中读出的 7 个字节的日历时钟信息,按照秒、分、时、日、月、周、年的顺序以 BCD 码形式存放。将 date_time 中的对应内容转换成每个字符的 ASCII 码存放在 Date 和 Time 数组中,并送至 LCD 显示。

```
#include <reg51.h>
#include <stdio.h>
#include <intrins.h>
#define uint   unsigned int
#define uchar unsigned char
//* * * * * * LCD* * * * * * *
sbit LCDRS = P2^0; //LCD 数据/命令选择端
sbit LCDRW = P2^1;
sbit LCDEN = P2^2; //LCD 使能信号端
//* * * * * DS1302* * * * * *
sbit IO = P3^7; //DS1302 数据线
sbit SCLK = P3^6; //DS1302 时钟线
sbit RST = P3^5; //复位
uint num = 0;
uchar Date[ ] = {"Date: 2000-00-00 "};
uchar Time[ ] = {"Time: * 00:00-00* "};
uchar date_time[7]; //从 DS1302 读取的当前日期时间
```

```c
void delay(uint z)
{
    uint x,y;
    for(x=z;x>0;x--)
        for(y=125;y>0;y--);
}
//* * * * * * * * 向DS1302写数据* * * * * * * * *
void write_ds1302(uchar dat)
{
    uchar i;
    for(i=0;i<8;i++)
    {
        IO = dat & 0x01; //保持最后一位为1,读状态
        SCLK = 1;
        delay(1);
        SCLK = 0;
        dat >>= 1;
    }
}
//* * * * * * * * 从DS1302读数据* * * * * * * * *
uchar read_ds1302()
{
    uchar i,b=0x00;
    for(i=0;i<8;i++)
    {
        b |= _crol_((uchar)IO,i);
        SCLK = 1;
        delay(1);
        SCLK = 0;
    }
    return b/16*10+b%16; //与BCD码转换
}
//* * * * * * * * 从指定位置读数据* * * * * * * *
uchar read_data(uchar addr)
{
    uchar dat;
    RST = 0;
    SCLK = 0;
    RST = 1;
    write_ds1302(addr);
    dat = read_ds1302();
    SCLK = 1;
```

```c
        RST = 0;
        return dat;
    }
    //* * * * * * * * 向指定位置写数据* * * * * * * *
    void write_data(uchar addr,uchar dat)
    {
        RST = 0;
        SCLK = 0;
        RST = 1;
        write_ds1302(addr);
        write_ds1302(dat);
        SCLK = 1;
        RST = 0;
    }
    //* * * * * * * * 读取当前日期时间,放入 date_time 数组* * * * * * * * *
    void read_date_time()
    {
        uchar i,addr = 0x81;
        for(i = 0;i < 7;i ++)
        {
            date_time[i] = read_data(addr);
            addr + = 2;
        }
    }
    //--------DS1302 初始化--------
    void DS1302_init()    //假设初始时间 2023-3-5   23:59:56
    {
        uchar year = 23,month = 3,day = 5,hour = 23,minute = 59,second = 56;
        write_data(0x80,(second/10)* 16 + second% 10);
        write_data(0x82,(minute/10)* 16 + minute% 10);
        write_data(0x84,(hour/10)* 16 + hour% 10);
        write_data(0x86,(day/10)* 16 + day% 10);
        write_data(0x88,(month/10)* 16 + month% 10);
        write_data(0x8C,(year/10)* 16 + year% 10);
    }
    //----------LCD 写指令----------
    void lcd_write_com(uchar com)
    {
        LCDRS = 0; //RS 为 0 时,写指令;RS 为 1 时,写数据
        P0 = com;
        delay(5);
        LCDEN = 1;
```

```c
        delay(5);
        LCDEN = 0;
}
//---------LCD 写数据----------
void lcd_write_data(uchar dat)
{
        LCDRS = 1;
        P0 = dat;
        delay(5);
        LCDEN = 1;
        delay(5);
        LCDEN = 0;
}
//--------LCD 初始化-------
void lcd_init()
{
        LCDRW = 0;
        LCDEN = 0;
        lcd_write_com(0x38); //LCD 显示模式设置
        lcd_write_com(0x0c); //LCD 显示开/关及光标设置
        lcd_write_com(0x06); //写一个字符后地址指针加1,且光标右移
        lcd_write_com(0x01); //显示清屏
}
//---------液晶显示:在 x 列、y 行开始写字符串 s----------
void lcd_print(uchar  x,uchar  y,uchar * s)
{
        if(y==0)
                lcd_write_com (0x80 |x);
        if(y==1)
                lcd_write_com (0x80 |(x-0x40));
        for(num=0;num<16;num++)
        {
                lcd_write_data(s[num]);
                delay(10);
        }
}
//将 BCD 码值转成对应 ASCII 码,为显示做准备
void format_datetime(uchar d,uchar * p)
{
        p[0] = d/10 + '0';
        p[1] = d% 10 + '0';
}
```

```c
//---------主程序----------
void main()
{
    DS1302_init();    //设定时钟初始值
    lcd_init();
    while(1)
    {
        read_date_time();
        format_datetime(date_time[6],Date+8);  //年
        format_datetime(date_time[4],Date+11); //月
        format_datetime(date_time[3],Date+14); //日
        format_datetime(date_time[2],Time+7);  //时
        format_datetime(date_time[1],Time+10); //分
        format_datetime(date_time[0],Time+13); //秒
        lcd_print(0,0,Date);
        lcd_print(0,1,Time);
    }
}
```

习题

在图 14-1 中，单片机的 P1.0～P1.4 引脚外接四个按键，功能分别是：调节/确定、移动、加 1、减 1。初始状态显示内容与图 14-1 中一致。按下"调节/确定"键进入调节模式，按下"移动"键选择调节内容，"加 1、减 1"键调节数值，再次按下"调节/确定"键确认修改结果。请编写程序，实现以上功能。

应用拓展

单片机内部有定时器，可以实现时钟的功能，但有时还需要外接时钟，主要有这样三个原因：第一，使用单片机内部定时器也可以完成时钟设计，但是没有备用电池，断电后就会重置。第二，单片机内的时钟不够精确，不能完成精密的操作。第三，单片机内的时钟运行时会占用 CPU，影响单片机的效率。

项目 15 DS18B20 温度计的设计

DS18B20 是由 DALLAS 公司推出的一种单总线接口的数字温度传感器。与传统的热敏电阻等测温元件相比,它具有体积小、适用电压宽、与微处理器接口简单等优点,支持多点组网,方便实现多点测温,尤其适用于测控点多、分布面广、环境恶劣以及狭小空间内设备的测温。

学习目标

- 掌握 DS18B20 温度传感器的工作原理。
- 熟练使用单片机与 DS18B20 通信采集温度信息。
- 理解单总线通信协议。

问题导入

如图 15-1 所示,使用单片机读取 DS18B20 采集的温度信息,显示在 LCM1602 液晶显示屏上,显示时对正、负温度采用"+"、"-"符号进行区分,保留 1 位小数。

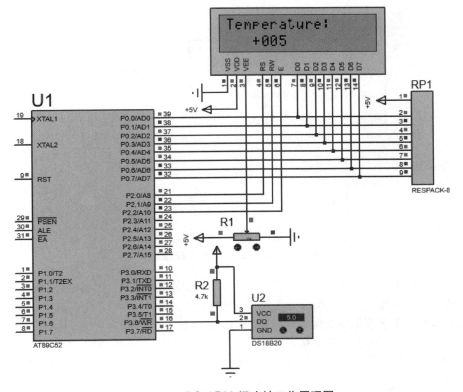

图 15-1 DS18B20 温度计工作原理图

知识链接

DS18B20 数字温度传感器可以对环境温度进行定量检测,测量的温度范围为-55 ~ +128 ℃,测量精度可达 ±0.5 ℃,测量结果以 9 ~ 12 位数字量传送给单片机。

1. 内部结构

DS18B20 的内部结构如图 15-2 所示,64 位 ROM 存储其独一无二的地址序列号,微控制器通过该序列号识别不同的设备,可实现在一根总线上连接多个 DS18B20。暂存存储器有 9 字节,包含存储有数字温度结果的 2 字节温度寄存器,非易失的温度报警触发器(TH 和 TL)和 1 字节的配置寄存器。配置寄存器允许用户自定义温度转换的精度,可以为 9 位、10 位、11 位、12 位。暂存存储器配置如图 15-3 所示。

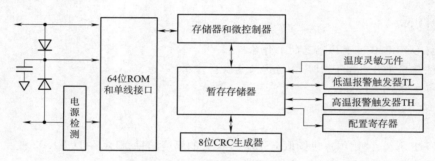

图 15-2　DS18B20 的内部结构

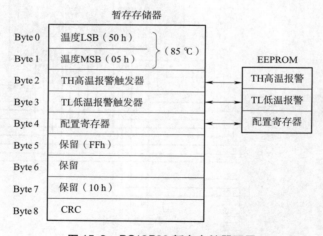

图 15-3　DS18B20 暂存存储器配置

Byte 0 和 Byte 1 字节是在单片机发给 DS18B20 温度转换命令后,经转换所得的温度值,以 2 字节补码形式存放其中。读取时低位在前,高位在后。

Byte 2 和 Byte 3 字节是高温和低温(TH 和 TL)报警寄存器。

Byte 4 字节为配置寄存器,其结构如图 15-4 所示。用户通过改变 R0 和 R1 的值来配置 DS18B20 的分辨率,见表 15-1。上电默认 R0 = 1、R1 = 1,为 12 位分辨率。第 0 ~ 4 位、第 7 位保留为内部使用,用户不能修改。

Byte 8 字节为只读字节,存储着寄存器中 Byte 0 至 Byte 7 的循环冗余校验(CRC)值。

D7	D6	D5	D4	D3	D2	D1	D0
0	R1	R0	1	1	1	1	1

图 15-4 DS18B20 配置寄存器结构

表 15-1 Byte 4 字节配置图

R1	R0	分辨率	转换时间
0	0	9	93.75 ms
0	1	10	187.5 ms
1	0	11	375 ms
1	1	12	750 ms

2. DS18B20 与单片机的硬件连接

DS18B20 与单片机的连接只需 1 根数据线,双方共用地线,温度变换所需要的电源可以从外部提供,也可采用寄生供电方式,从数据线获取电源。多个 DS18B20 可以共同连接到一根总线上,构成单总线、异步、半双工通信的结构,所有数据、控制信号都通过这根线完成,如图 15-5 所示。单总线通常要求外接 4.7 kΩ 的上拉电阻,使总线空闲时为高电平。

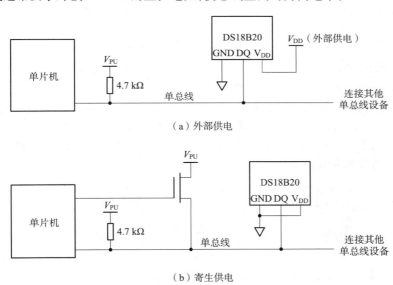

(a) 外部供电

(b) 寄生供电

图 15-5 DS18B20 与单片机的硬件连接

3. 时序及编程

采用单总线结构,主机和从机的通信构成主从关系,只有主机呼叫从机,从机才可以应答,双方需要遵循严格的通信协议。访问 DS18B20 必须按照严格的命令序列,即初始化、发送 ROM 指令、发送 DS18B20 功能指令。以上三个流程顺序不能颠倒且缺一不可,每次只要发送一条 ROM 指令,这个流程必须从头开始,除非发送的是搜索 ROM(F0H)和警报搜索(ECH)命令。ROM 指令和功能指令见表 15-2、表 15-3。

表 15-2　ROM 指令

指令名称	指令代码	指令功能
读 ROM	33H	读 DS18B20 ROM 中的编码(即读 64 位地址)
ROM 匹配	55H	发出此命令后接着发出 64 位 ROM 编码,访问单总线上与编码相对应的 DS18B20,为下一步读写做准备
搜索 ROM	0F0H	确定挂接在同一总线上 DS18B20 的个数和识别 64 位 ROM 地址,为操作器件做准备
跳过 ROM	0CCH	忽略 64 位 ROM 地址,直接向 DS18B20 发温度变换命令,适用于单片机工作
警报搜索	0ECH	该指令执行后,只有温度超过设定值的上限或下限的芯片才会有响应

表 15-3　功能指令

指令	约定代码	操作
温度转换	44H	启动 DS18B20 进行温度转换
读暂存器	BEH	读暂存存储器 9 字节二进制数字
写暂存器	4EH	将数据写入暂存存储器的 TH、TL 字节
复制暂存器	48H	把暂存存储器的 TH、TL 字节写到 EEPROM 中
重新调 EEPROM	B8H	把 EEPROM 中的 TH、TL 字节写到暂存存储器 TH、TL 字节
读电源供电方式	B4H	启动 DS18B20 发送电源供电方式的信号给主 CPU

(1)初始化操作时序

初始化操作时序如图 15-6 所示。总线上默认状态为高电平,当要启动传输时,主设备将总线拉低发送(TX)复位脉冲,持续时间不少于 480 μs,接下来释放总线进入接收(RX)模式,等待外设返回响应信号。当总线释放后,上拉电阻会将总线拉至高电平,等待时间为 15～60 μs。当 DS18B20 检测到该上升沿信号后,将总线拉低 60～240 μs,表明自己的存在。响应阶段总时间不小于 480 μs。因而初始化程序如下:

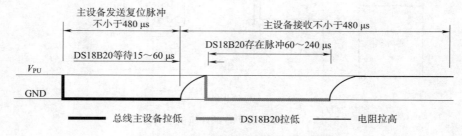

图 15-6　DS18B20 初始化操作的时序

```
void ds18b20_reset(void)         //函数:DS18B20 重置初始化
{
    DQ = 0;
    delay2us(250);               //主设备将总线拉低 500 μs
    DQ = 1;
```

```
    delay2us(37);              //主设备释放总线,不小于 60 μs
    delay2us(250);
}
```

(2) 写操作时序

主机在写时隙向 DS18B20 写入数据,其中分为写"0"时隙和写"1"时隙,分别用来向 DS18B20 写入逻辑 0 和逻辑 1。所有的写时隙必须有最少 60 μs 的持续时间,相邻两个写时隙必须要有最少 1 μs 的恢复时间。

两种写时隙都通过主机拉低总线产生,如图 15-7 所示。要产生写"1"时隙,拉低总线后主机必须在 15 μs 内释放总线。总线被释放后,由于上拉电阻的存在,将总线恢复为高电平。为了产生写"0"时隙,主机必须继续拉低总线以满足至少 60 μs 的时隙持续时间要求。

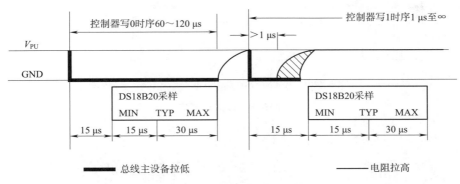

图 15-7 写操作时序

主机启动写时隙后,DS18B20 会在其后的 15~60 μs 的时间段内采样单总线(DQ)。在采样的时间窗口内,如果总线为高电平,会向 DS18B20 写入 1;如果总线为低电平,会向 DS18B20 写入 0。

向 DS18B20 写入 1 字节的程序如下:

```
void writebyte(uchar dat)        //函数:向 DS18B20 写入 1 字节数据
{
    uchar i = 0;
    for(i = 8; i > 0; i--)
    {
        DQ = 0;                  //拉低总线
        DQ = dat&0x01;           //形成写的数字
        delay2us(30);            //维持至少 60 μs,等待 DS18B20 采样
        DQ = 1;                  //释放总线
        dat >> = 1;
        delay2us(13);
    }
}
```

(3) 读操作时序

主机发起读时序后,DS18B20 才可以传输数据给主机。因此,总线控制器在发出读暂存器指令[0xBE]或读电源模式指令[0xB4]后必须立刻开始读时序。DS18B20 可以提供请求信息。

所有读时隙至少维持 60 μs,两个读时隙间有 1 μs 的恢复时间。启动读时隙时,总线控制器把数据线拉低至少 1 μs,然后释放。DS18B20 通过拉高或拉低总线来传输"1"或"0"。当传输逻辑"0"结束后,总线将被释放,通过上拉电阻回到高电平状态。从 DS18B20 输出的数据在读时序的下降沿出现后 15 μs 内有效。因此,总线控制器必须在 15 μs 内释放总线并采样总线数据,如图 15-8 所示。

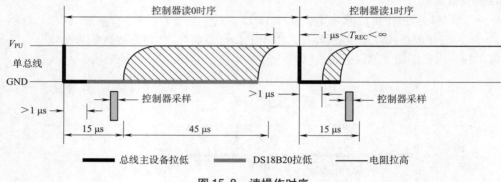

图 15-8　读操作时序

从 DS18B20 读 1 字节数据的代码如下:

```
uchar readbyte(void)                //函数:DS18B20 读取 1 字节数据
{
    uchar i = 0, date = 0;          //date 为要接收的数据
    for (i = 8; i > 0; i --)
    {
        DQ = 0;                     //启动读时隙
        delay2us(2);                //数据线拉低至少 1 μs
        DQ = 1;                     //释放总线,等待读 DS18B20 数据
        date >> = 1;
        if(DQ)
            date | = 0x80;          //先读来的数据放到最低位
        delay2us(27);               //通过延时保证读时隙至少维持 60 μs
    }
    return(date);
}
```

(4) 读取温度值的方法

当需要执行温度测量时,总线控制器必须发出 44H 命令,产生的温度数据以 2 字节的形式被存储到高速暂存存储器的温度寄存器中。操作需按照如下步骤:

① 初始化→发送 ROM 命令(跳过 ROM 检测)→发送功能命令(启动温度转换,44H)。

② 初始化→发送 ROM 命令(跳过 ROM 检测)→发送功能命令(读取暂存器中采集回来的数据,0BEH)。

③把采集的数据转换成实际的温度。

	bit 7	bit 6	bit 5	bit 4	bit 3	bit 2	bit 1	bit 0
LS BYTE	2^3	2^2	2^1	2^0	2^{-1}	2^{-2}	2^{-3}	2^{-4}
	bit 15	bit 14	bit 13	bit 12	bit 11	bit 10	bit 9	bit 8
MS BYTE	S	S	S	S	S	2^6	2^5	2^4

图 15-9　DS18B20 温度储存字节结构图

4. 温度计算

DS18B20 暂存存储器中前 2 字节 Byte 0(LS BYTE)和 Byte 1(MS BYTE)是启动温度转换后所得的温度值,以 2 字节补码形式存放。读取时低位在前,高位在后,结构如图 15-9 所示。高字节的 5 个 S 为符号位,S=0 为正值,S=1 为负值,其余 11 位为温度数据。对于 12 位分辨率,所有位都有效;对于 11 位分辨率,bit0 无定义;对于 10 位分辨率,bit0 和 bit1 无定义;对于 9 位分辨率,bit0、bit1 和 bit2 无定义。DS18B20 默认为 12 位转换精度,此时,存储器中的值与实际温度有如下对应关系:

Byte 1 字节高 5 位为 0,则温度>0,测到的数值乘 0.062 5 即可得到实际温度。

Byte 1 字节高 5 位为 1,则温度<0,测到的数值需转换为原码,再乘 0.062 5 即可得到实际温度。12 位转换精度时部分温度输出数据与相对应温度之间的关系见表 15-4。

表 15-4　温度输出数据与相对应温度之间的关系

温度/℃	数字输出(二进制)	数字输出(十六进制)
+125	0000 0111 1101 0000	07D0H
+85	0000 0101 0101 0000	0550H
+25.062 5	0000 0001 1001 0001	0191H
0	0000 0000 0000 0000	0000H
-25.062 5	1111 1110 0110 1111	0FE6FH
-55	1111 1100 1001 0000	0FC90H

当输出为 07D0H 时,实际温度 = 07D0H × 0.062 5 = 125 ℃。

当输出为 0FC90H 时,高 5 位为 1,为负温度值,用补码形式表示,需先将 11 位数据取反加 1 得 0370H,实际温度 = 0370H × 0.062 5 = -55 ℃。

项目实现

温度计设计中,单片机作为主机,DS18B20 为从机,单片机控制 DS18B20 启动一次温度转换需按照初始化(复位)、发送 ROM 指令(0CCH)、启动温度转换(44H)三步操作。在系统中只有一个从节点,允许不提供 64 位 ROM 序列号而直接访问,节省了操作时间,所以发送 0CCH 跳过 ROM。

为使 LCD 显示 1 位小数方便,程序中将读回来的温度值扩大 10 倍,并取出其数值的每一位,送入 buf 缓冲区,将 buf[3] 处理为小数点。

```
#include <reg52.h>
#include "intrins.h"
#define uchar unsigned char
```

```c
#define uint unsigned int
sbit RS = P2^0;                                 //LCM1602 寄存器选择引脚定义
sbit RW = P2^1;                                 //LCM1602 读写引脚定义
sbit EN = P2^2;                                 //LCM1602 片选引脚定义
sbit DQ = P3^6;                                 //DS18B20 读写引脚定义
bit flag;                                       //温度正负标志位
uchar buf[6];                                   //数据存储缓冲区
void delay2us(uchar t)                          //函数:延时 2 μs
{
    while(--t);
}
void delayms(uint i)                            //函数:延时 ms
{
    unsigned int j = 0;
    for(;i>0;i--)
        for(j=0;j<125;j++);
}
void write_command(uchar com)                   //函数:LCM1602 写指令函数
{
    P0 = com;                                   //送出指令
    RS = 0;RW = 0;EN = 1;                       //写指令时序
    delayms(2);
    EN = 0;
}
void write_dat(uchar dat)                       //函数:LCM1602 写数据函数
{
    P0 = dat;                                   //送出数据
    RS = 1;RW = 0;EN = 1;                       //写数据时序
    delayms(2);
    EN = 0;
}
void init()                                     //函数:LCM1602 液晶屏初始化
{
    write_command(0x01);                        //清屏
    write_command(0x38);                        //设置 16×2 显示,5×7 点阵
    write_command(0x0C);                        //开显示,显示光标且闪烁
    write_command(0x06);                        //地址加 1,写入数据时光标右移 1 位
}
void write_string(uchar x,uchar y,uchar*s)      //在 x 列、y 行开始写字符串 s
{
    if(y==0)
        write_command (0x80 |x);
```

```c
        if(y==1)
            write_command (0x80|(x-0x40));
        while(*s>0)
        {
            write_dat(*s++);
            delayms(1);
        }
}
void ds18b20_reset(void)                //函数:DS18B20 重置初始化
{
    DQ =0;
    delay2us(250);
    DQ =1;
    delay2us(37);
    delay2us(250);
}
uchar readbyte(void)                    //函数:DS18B20 读取1字节数据
{
    uchar i=0;
    uchar date=0;
    for (i=8;i>0;i--)
    {
        DQ=0;
        delay2us(2);
        DQ=1;
        date>>=1;
        if(DQ)
        date|=0x80;
        delay2us(27);
    }
    return(date);
}
void writebyte(uchar dat)               //函数:DS18B20 写入1字节数据
{
    uchar i=0;
    for(i=8;i>0;i--)
    {
        DQ=0;
        DQ=dat&0x01;
        delay2us(30);
        DQ=1;
        dat>>=1;
```

```c
            delay2us(13);
        }
    }
    float readtemp(void)                        //函数:DS18B20 读取温度数据
    {
        uint tempL,tempH;
        float temp;
        ds18b20_reset();                        //DS18B20 初始化
        writebyte(0xCC);                        //跳过 ROM 检测
        writebyte(0x44);                        //启动温度转换
        ds18b20_reset();                        //DS18B20 初始化
        writebyte(0xCC);                        //跳过 ROM 检测
        writebyte(0xBE);                        //读暂存器
        tempL = readbyte();                     //读温度低位
        tempH = readbyte();                     //读温度高位
        tempH = (tempH << 8) |tempL;
        if((tempH&0xF800) == 0xF800)            //判断温度为正还是负
        {
            tempH = ~tempH +1;
            flag =1;
        }
        else flag =0;
        temp = tempH* 0.062 5;                  //温度数值转换
        return(temp);
    }
    void main()
    {
        uint temp;
        init();
        write_string(0,0,"Temperature:");
        while(1)
        {
            if(flag ==1)
                write_string(3,1," - ");
            else
                write_string(3,1," + ");
            temp = (uint)(readtemp()* 10);      //扩大 10 倍强制转换为整数,为显示做准备
            buf[0] = (temp/1000) +48;
            buf[1] = (temp% 1000/100) +48;
            buf[2] = (temp% 100/10) +48;
            buf[3] = '.';
            buf[4] = (temp% 10) +48;
```

项目 15　DS18B20 温度计的设计

```
            buf[5] = '\0';
            write_string(4,1,buf);
            delayms(100);
        }
    }
```

习题

如图 15-10 所示,两路 DS18B20 通过单总线的形式与单片机连接,形成多点温度采集系统,编写程序,单片机先后采集两路 DS18B20 的温度信息,并在 LCM1602 液晶显示屏上循环显示。

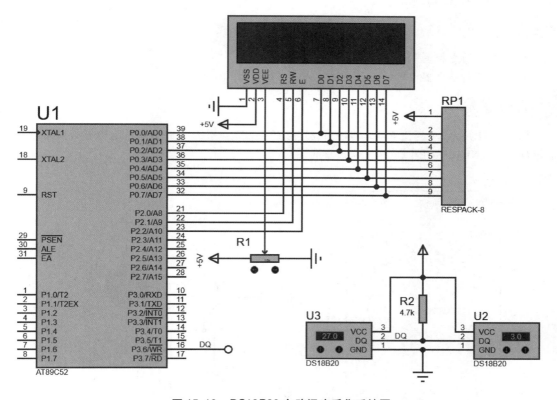

图 15-10　DS18B20 多路温度采集系统图

应用拓展

使用单总线的接口方式,DS18B20 与微处理器连接时仅需要一条 I/O 口线,经济性好,抗干扰能力强。单片机与多个 DS18B20 还可以组成多点温度监测系统,组网方便。但是,单总线通信对协议的要求也比较高,必须按照较复杂的步骤控制总线,相对难懂一些。

项目 16 继电器的控制

现代自动控制系统中普遍存在电子电路连接问题,一方面要使电子电路的控制信号能控制电气电路的执行元件,另一方面又要为电子电路与电气电路提供良好的隔离,以保护电路和人身安全,继电器能够完成这一任务。

学习目标

- 掌握由弱电控制强电系统的常用方法。
- 掌握常用继电器电路的设计方法。

问题导入

如图 16-1 所示,单片机 P3.2/$\overline{INT0}$ 引脚连接开关,P2.0 引脚的输出通过继电器控制灯泡,完成设计,当 BTN1 按下时开灯,再一次按下时关灯。

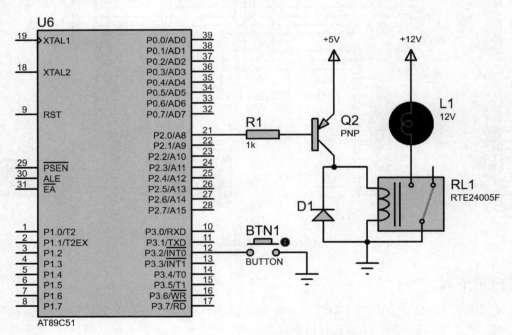

图 16-1 继电器的使用

知识链接

控制系统中经常存在弱电电路与强电电路相互连接的问题,继电器在其中起到非常重要的作用。继电器是一种开关元件,广泛应用于遥控、遥测、通信、自动控制、机电一体化及电力电子设备中,可以用于小电流控制大电流等功率驱动场合,又能提供良好的电隔离。

1. 继电器原理

继电器种类很多,有电磁式继电器、热敏干簧继电器、固态继电器等。本项目使用电磁式继电器。电磁式继电器一般由铁芯、线圈、衔铁、动触点和静触点等组成,如图 16-2 所示。静触点包括常闭触点、常开触点两种。线圈未通电时处于断开状态的静触点,称为"常开触点";处于接通状态的静触点,称为"常闭触点"。通过触点切换可以实现对被控电路的开、关控制。

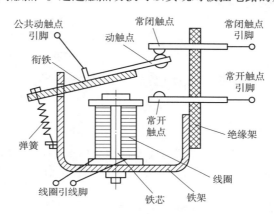

图 16-2　电磁式继电器内部结构图

继电器控制的原理比较简单:线圈通电后,由于电磁效应,衔铁会在电磁力作用下克服复位弹簧的拉力吸向铁芯,从而带动动触点与常开触点吸合。线圈断电后,电磁吸力消失,动触点返回原来的位置,使动触点与常闭触点吸合,达到电路导通、切断的目的。

2. 继电器驱动方法

单片机引脚的输出电流很小,无法直接驱动继电器,常用以下两种驱动方法:

(1)三极管驱动

在继电器输入端接一个三极管 T1 进行电流放大,驱动继电器工作,例如常用的 S8050 三极管。由于继电器线圈属于感性负载,需在线圈两端接反向续流二极管 D1,当三极管由导通转向关断时为继电器线圈提供泄流通路,保护三极管不被过电流击穿,如图 16-3 所示。

(2)集成电路驱动

ULN2003A 是高耐压、大电流的驱动芯片,内部由 7 个 NPN 达林顿管组成,经常用于驱动继电器、电磁阀、电动机等电路,其内部带有续流二极管使其可用于开关感性负载。

如图 16-4 所示,当 ULN2003A 输入端 1B 为高电平时,对应的输出引脚 1C 输出低电平,继电器

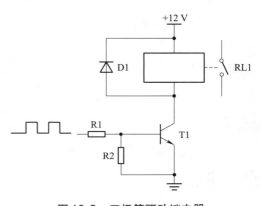

图 16-3　三极管驱动继电器

线圈两端通电,继电器触点吸合;当 ULN2003A 输入端 1B 为低电平时,对应的输出引脚 1C 呈高阻态,继电器线圈两端断电,继电器触点断开。ULN2003A 可以驱动 8 路继电器。

连接时注意：COM 引脚与驱动电源正极相连，ULN2003A 与驱动电源负极等电位（共地）。

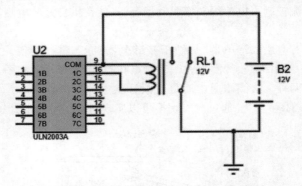

图 16-4　集成电路 ULN2003 驱动继电器

项目实现

按键连接在 P3.2/$\overline{\text{INT0}}$引脚，可作为外部中断使用。在主程序中完成中断初始化：开中断、设置中断优先级、设置中断触发方式等。对应的中断服务程序中，使 P2.0 引脚输出状态取反，控制继电器开合，从而完成开关灯。

```c
#include <reg51.h>
sbit  Relay = P2^0;
void main()
{
    unsigned char  time;
    EA = 1;
    EX0 = 1;
    IT0 = 1;
    while(1);
}
void Button(void) interrupt 0
{
  Relay = ! Relay;
}
```

习题

使用 ULN2003A 驱动继电器的方法完成该项目的设计。

应用拓展

在实际应用中，要格外注意继电器的参数，例如额定电压和触点切换电压等，当电磁线圈通电电压过大，容易烧毁线圈，电压过小则给衔铁的吸力较小，容易产生误动作；被控制电路的电压过大，容易损坏触点，造成继电器寿命的缩短。

项目 17　蜂鸣器的使用

蜂鸣器是一种一体化结构的电子讯响器,广泛应用于计算机、报警器、电子玩具、汽车电子设备等电子产品中作发声器件。根据设计和用途的不同,蜂鸣器能发出音乐声、汽笛声、蜂鸣声、警报声、电铃声等各种不同的声音。

学习目标

- 掌握有源蜂鸣器和无源蜂鸣器的驱动方法。
- 掌握蜂鸣器电路的设计方法。

问题导入 1

图 17-1 中,单片机 P2.0/A8 引脚连接有源蜂鸣器,请编程实现:当按下 BTN1 键时,打开蜂鸣器发出声音;当按下 BTN2 键时,关闭蜂鸣器。

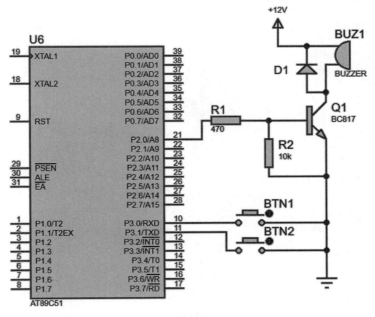

图 17-1　有源蜂鸣器驱动原理图

知识链接 1

按照驱动原理的不同,蜂鸣器分为有源蜂鸣器和无源蜂鸣器。如图 17-2 所示,下面有绿色电路板的是无源蜂鸣器,内部没有振荡源,需要使用 2 kHz~5 kHz 的方波驱动发声,又称他激式蜂鸣器;

下面使用黑胶封闭的是有源蜂鸣器,内部带振荡源,只要通电即可发出声音,又称自激式蜂鸣器。

无源蜂鸣器价格较低,其声音频率可控,可制造出音符播放的效果,适用于语音、音乐等设备。通常可用 PWM 输出控制,或使用单片机 I/O 口定时翻转产生驱动脉冲控制。有源蜂鸣器音调单一,但控制简单,只需将驱动电平送到驱动端口就可以发出声音,适用于报警器等设备。蜂鸣器工作电流比较大,需要使用放大电路驱动,一般通过三极管放大电流。

图 17-2　无源蜂鸣器和有源蜂鸣器

项目实现 1

本设计中选用了有源蜂鸣器,I/O 口输出高电平即可控制其发声,声音频率固定,驱动方法简单。

由于蜂鸣器的工作电流较大,单片机的 I/O 口无法直接驱动,所以使用三极管进行电流放大。图 17-1 中 R1 为限流电阻,防止流过基极的电流过大损坏三极管。电阻 R2 可提升高电平的阈值电压(又称"门槛电压")。假设删除 R2,P2.0 引脚输出电压只要超过 0.7 V 就可使三极管导通,对于数字电路来说太低,存在电磁干扰时,容易造成蜂鸣器鸣叫。因而添加 R2,抬高高电平时的阈值电压。

代码如下:

```c
#include <reg52.h>
#define ON    1
#define OFF   0
sbit KEY1=P3^0;
sbit KEY2=P3^1;
sbit BUZZER=P2^0;
void delayms(unsigned int m)
{
    unsigned int i,j;
    for(i=m;i>0;i--)
        for(j=113;j>0;j--);
}
void main()
{
    while(1)
    {
        if(KEY1==0){
        delayms(10);                //去抖
        if(KEY1==0)
        {
```

```
            BUZZER=ON;              //蜂鸣器响
        }
        while(KEY1==0);
    }
    if(KEY2==0){
    delayms(10);
    if(KEY2==0)
    {
            BUZZER=OFF;             //蜂鸣器关闭
        }
        while(KEY2==0);
    }
  }
}
```

习题 1

设计电路并编写程序,驱动蜂鸣器响 1 s 停 1 s,并重复。

问题导入 2

如图 17-3 所示,P2.0/A8 引脚的输出连接无源蜂鸣器,请驱动该蜂鸣器播放音乐《新年好》。

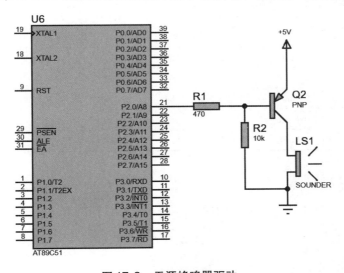

图 17-3　无源蜂鸣器驱动

知识链接 2

本设计中选用了无源蜂鸣器,需要使用频率信号控制其发声,信号的频率决定了声音的音调。

音乐中简谱记谱法由 7 个基本唱名组成,分别是 1、2、3、4、5、6、7。每个唱名对应固定的音高,音高不同,发声物体振动的频率就不一样。使用定时器定时不同时间,在中断服务程序中改变蜂鸣器驱动信号的电平状态,即可产生不同频率的方波信号,驱动其发出不同的声音;将声音按照节拍时间播放,即可播放出歌曲。

(1)驱动信号频率的确定

以低音唱名1为例,其频率为262 Hz,假设单片机采用12 MHz晶振,定时器初始值计算方法如下:

周期 $T = 3\ 816\ \mu s$,定时时间为 $1\ 908\ \mu s$。

定时器T0,使用方式1,计算计数初值:

$$(2^{16} - C)T_{机} = 1\ 908$$

$$C = 0xF88B$$

以此类推,可以计算出其他音符的计数初始值(晶振频率固定为12 MHz),见表17-1。

(2)节拍数的确定

若按照每分钟120拍计算,1拍的时间大约为0.5 s,采用延时函数控制。以定时2 ms为单元,延时1拍约需要定时255次(0xff),0.5拍约需要定时127次(0x7f)。

根据以上分析,将歌曲《新年好》第一句(|1 1 1 5|3 3 3 1|)每个音符按照计数初值2字节、节拍长度1字节依次放入数组中,具体如下:

unsigned char code music[ ] = {0xfc,0x44,0x7f,0xfc,0x44,0x7f,0xfc,0x44,0xff,0xfb,0x04,0xff,0xfd,0x09,0x7f,0xfd,0x09,0x7f,0xfd,0x09,0xff,0xfc,0x44,0xff};

表17-1 C调不同音符的频率及计数器初值

音符	频率/Hz	初值	音符	频率/Hz	初值	音符	频率/Hz	初值
低音1	262	0xF88B	中音1	523	0xFC44	高音1	1 046	0xFE22
低音2	286	0xF92B	中音2	587	0xFCAC	高音2	1 174	0xFE56
低音3	311	0xF9B8	中音3	659	0xFD09	高音3	1 318	0xFE84
低音4	349	0xFA67	中音4	698	0xFD33	高音4	1 396	0xFE9A
低音5	392	0xFB04	中音5	784	0xFD82	高音5	1 567	0xFEC1
低音6	440	0xFB8F	中音6	880	0xFDC8	高音6	1 760	0xFEE4
低音7	494	0xFC0C	中音7	523	0xFC44	高音7	1 975	0xFF03

项目实现 2

单片机控制蜂鸣器播放《新年好》的代码如下:

```
#include <reg51.h>
sbit speak = P2^0;
unsigned char ptr = 0x00;//music数组指针
unsigned char  high,low;
unsigned char code music[ ] =
{0xfc,0x44,0x7f, 0xfc,0x44,0x7f, 0xfc,0x44,0xff, 0xfb,0x04,0xff,
0xfd,0x09,0x7f, 0xfd,0x09,0x7f, 0xfd,0x09,0xff, 0xfc,0x44,0xff,
0xfc,0x44,0x7f, 0xfd,0x09,0x7f, 0xfd,0x82,0xff, 0xfd,0x82,0xff,
0xfd,0x33,0x7f, 0xfd,0x09,0x7f, 0xfc,0xac,0xff, 0xff,0xff,0xff,
```

```c
0xfc,0xac,0x7f, 0xfd,0x09,0x7f, 0xfd,0x33,0xff, 0xfd,0x33,0xff,
0xfd,0x09,0x7f, 0xfc,0xac,0x7f, 0xfd,0x09,0xff, 0xfc,0x44,0xff,
0xfc,0x44,0x7f, 0xfd,0x09,0x7f, 0xfc,0xac,0xff, 0xfb,0x04,0xff,
0xfc,0x0c,0x7f, 0xfc,0xac,0x7f, 0xfc,0x44,0xff, 0xff,0xff,0xff,0x00};
void delay2ms(unsigned int m)        //延时 m* 2 ms
{
    unsigned int i,j;
    for(i=m;i>0;i--)
        for(j=226;j>0;j--);
}

void main()
{
    unsigned char time;
    TMOD=0x01;                    //定时器 T0 初始化,采用工作方式 1,定时器工作模式
    EA=1;
    ET0=1;
    while(1)
    {
    if(music[ptr]!=0xff&&music[ptr]!=0x00)        //播放未结束
    {
        TR0=1;
        speak=1;
        high=music[ptr];                          //定时器初值高 8 位
        low= music[ptr+1];                        //定时器初值低 8 位
        time=music[ptr+2];                        //播放时间赋值
        delay2ms(time);
        ptr+=3;
    }
    else if(music[ptr]==0xff)                     //延长记号的位置
    {
        time=music[ptr+2];
        delay2ms(time);
        ptr+=3;
    }
    else                                          //回到开头重复播放
    {
        TR0=0;
        speak=0;
        delay2ms(2000);                           //两次播放的时间间隔
        ptr=0;
    }
```

```
        }
    }
    void Count1(void) interrupt 1
    {
        TH0 = high;
        TL0 = low;
        speak = ! speak;
    }
```

习题 2

设计电路并编写程序，模拟发出救护车一长一短的警报声音，每 1 s 交换一次，假设声音信号的频率为 1 kHz、2 kHz。

应用拓展

Proteus 中 buzzer 是有源蜂鸣器，sounder 是发声器，只接受数字信号；speaker 是扬声器，接受模拟信号。

项目 18 电机驱动

单片机可以通过 I/O 口向电机提供控制信号,控制电机的运行。常用的电机有两类:步进电机和直流电机。步进电机具有较高的精度,在单片机控制下可以精确地旋转到任意位置。直流电机既可以作为发电机使用,也可以作为驱动器使用,通过单片机输出的 PWM 信号控制其转速。

学习目标

- 了解步进电动机与直流电动机的工作原理。
- 掌握使用单片机驱动步进电机的方法。
- 掌握使用单片机驱动直流电机的方法。

问题导入 1

如图 18-1 所示,使用了 ULN2003A 大功率达林顿晶体管阵列驱动步进电机,通过 3 个按键分别控制步进电机实现正转、反转和停止转动。

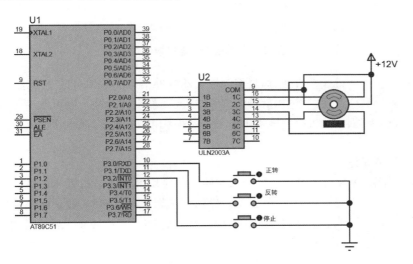

图 18-1 步进电机工作原理图

知识链接 1

1. 步进电机工作原理

步进电机是将接收到的电脉冲信号转换成相应角位移或线位移的开环控制元件,控制简单,广泛用于需要定位的设备中。步进驱动器每接收到一个脉冲信号,它就驱动步进电机按设定的方向转动一个固定的角度,该角度称为"步距角"。步进电机的基本结构特征是线圈固定,永磁体旋转。其外观及内部结构图如图 18-2 所示。

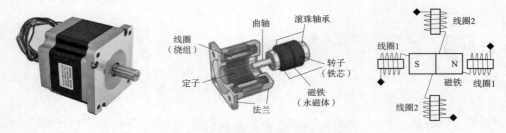

图 18-2　步进电机外观及内部结构图

步进电机的磁极数量规格和接线规格很多,为简化问题,以四相步进电机为例进行讨论。四相即电机内部有四对磁极,外加一个公共端(COM)接电源,A、B、C、D 是四线的接头。而四相电机可以向外引出六条线(两条 COM 共同接入 VCC),也可以引出五条线,如图 18-3 所示,因而有六线四相制和五线四相制。

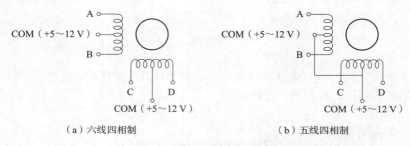

（a）六线四相制　　　　　　　　　　　（b）五线四相制

图 18-3　四相步进电机接线规格

单片机控制步进电机非常方便,通过控制输入的脉冲信号的频率可改变步进电机转速;通过改变各相脉冲先后顺序,可改变电机旋转方向;通过改变输入的脉冲个数可改变输出的角位移或线位移。因而只要使用单片机控制脉冲的数量、频率和电机绕组的相序,即可获得所需位移、速度和方向。

2. 步进电机的驱动

如图 18-4 所示,单片机通过对每组线圈的通电顺序切换来使电机做步进式旋转。步进电机内部实际产生了一个可以旋转的磁场,当旋转磁场依次切换时,中间的转子就会随之转动相应的角度。当磁场旋转过快或者转子上所带负载的转动惯量太大时,转子无法跟上步伐,就会造成失步。

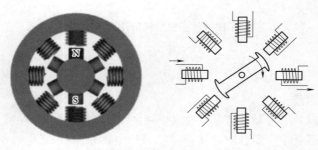

图 18-4　步进电机示意图

步进电机的驱动可以有不同的方式。一相励磁(单四拍)方式指的是电机在每个瞬间只有一个线圈导通,消耗电力小,但在切换瞬间没有任何的电磁作用在转子上,容易造成振动,也容易因为惯性而失步。二相励磁(双四拍)方式输出的转矩较大且振动较少,切换过程中至少有一个线圈通电作用于转子,使得输出的转矩较大,振动较小,也比一相励磁较为平稳,不易失步。为减小步进电机噪声振动,还可以采取一相二相交替励磁(又称单双八拍)方式,每传送一个励磁信号,步进电机前进半个步距角。分辨率高,运转更加平滑。不同方式下,步进电机工作时序图如图18-5所示。

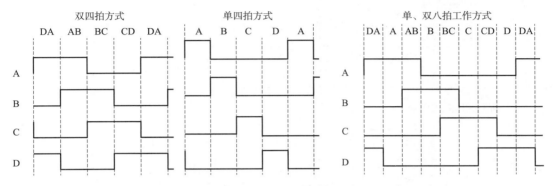

图 18-5 步进电机工作时序图

3. 步进电机驱动芯片

89C51 单片机的 I/O 口通过的电流很小,不能够直接驱动步进电机,需要使用晶体管或专用集成电路放大,例如使用 ULN2003A 等大电流驱动阵列。

图 18-1 中单片机送出的控制信号连接 ULN2003A 的输入端 1B~4B,ULN2003A 的输出端 1C~4C 用来驱动六线四相制的步进电机。

项目实现 1

使用不同励磁方式,相序见表 18-1、表 18-2、表 18-3。其中,1 代表高电平,0 代表低电平,表中箭头所指为电机旋转方向。

表 18-1 一相励磁方式电机相序

步序	绕组 A	绕组 B	绕组 C	绕组 D
1	1	0	0	0
2	0	1	0	0
3	0	0	1	0
4	0	0	0	1

表 18-2 二相励磁方式电机相序

步序	绕组 A	绕组 B	绕组 C	绕组 D
1	1	0	0	0
2	1	1	0	0
3	0	1	1	0
4	0	0	1	1

表 18-3　一相二相交替励磁方式电机相序

步序	绕组 A	绕组 B	绕组 C	绕组 D
1	1	0	0	1
2	1	1	0	0
3	0	1	0	0
4	0	1	1	0
5	0	0	1	0
6	0	0	1	1
7	0	0	0	1
8	1	0	0	1

程序流程图如图 18-6 所示。

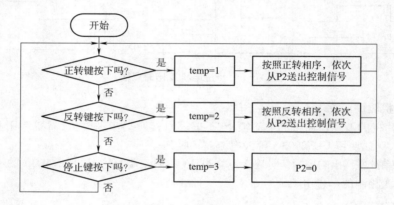

图 18-6　程序流程图

按照二相励磁方式驱动,代码如下:

```
#include <reg52.h>
#define uchar unsigned char
#define uint unsigned int
sbit P3_0 = P3^0;          //正转控制按键引脚
sbit P3_1 = P3^1;          //反转控制按键引脚
sbit P3_2 = P3^2;          //停止控制按键引脚

#define foreward  1        //正转标志位
#define reverse   2        //反转标志位
#define stop      3        //停止标志位

void delayms(uint i)       //函数:延时 ms
{
    uint j = 0;
    for(;i>0;i--)
```

```c
            for(j=0;j<125;j++);
}
main()
{
    uchar temp;
    while(1)
    {
        if(P3_0==0)
        {
            temp=foreward;P2=0x00;delayms(8);
        }
        if(P3_1==0)
        {
            temp=reverse;P2=0x00;delayms(8);
        }
        if(P3_2==0)
        {
            temp=stop;
        }
        switch(temp)
        {
            case foreward: //电机正转驱动
                        P2=0x09;//1001
                        delayms(8);
                        P2=0x0c;//1100
                        delayms(8);
                        P2=0x06;//0110
                        delayms(8);
                        P2=0x03;//0011
                        delayms(8);
                        break;
            case reverse: //电机反转驱动
                        P2=0x03;
                        delayms(8);
                        P2=0x06;
                        delayms(8);
                        P2=0x0c;
                        delayms(8);
                        P2=0x09;
                        delayms(8);
                        break;
            case stop :    //电机停止驱动
```

```
                    P2 = 0x00;
                    delayms(8);
                    break;
            }
        }
}
```

习题 1

针对图18-1编写程序,实现一相励磁和一相二相交替励磁方式驱动电机,并分析其不同。

问题导入 2

如图18-7所示,编写程序利用单片机控制直流电机变速旋转。设置调速按键,每按一次按键,速度挡位加1,共设四挡,同时点亮一个发光二极管(D0~D3)作为每个挡位的运行指示。

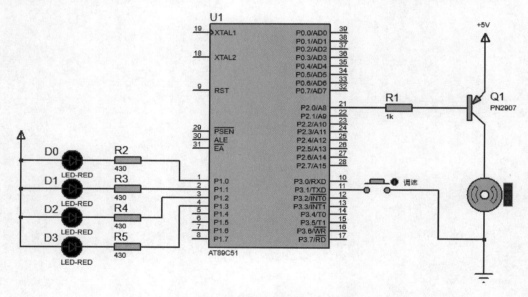

图18-7　直流电机调速电路原理图

知识链接 2

1. 直流电机结构和原理

直流电机的结构包括定子和转子两大部分,运行时静止不动的部分称为定子,运行时转动的部分称为转子,接线没有正负之分,在两端加上直流电就能工作。交换直流电机的接线顺序后,可以形成正反转。外观和内部结构如图18-8所示。选用直流电机时需要注意其额定电压和额定功率,不能使之长时间超负荷运作。

直流电机可精确控制其旋转速度或转矩,通过两个磁场相互作用产生转矩。如图18-8所示,定子装设一对直流励磁的静止主磁极N和S,在转子上装设电枢铁芯。定子与转子间有一气隙。在电枢铁芯上放置了由两根导体连成的电枢线圈,线圈首端和末端分别连到两个圆弧形铜片上,此铜片称为换向片。由换向片构成的整体称为换向器。

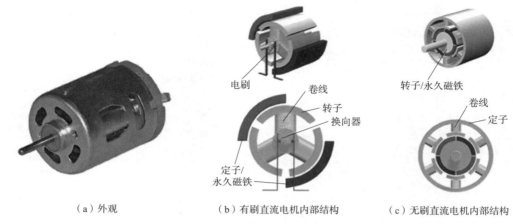

（a）外观　　　　（b）有刷直流电机内部结构　　　（c）无刷直流电机内部结构

图 18-8　直流电机的外观和内部结构

2. 直流电机控制

直流电机两个电极上接合适的直流电源,就可以满速转动;将电源反接,则可以实现反转;如需使电机工作在不同的转速下,通常使用 PWM(pulse width modulation,脉冲宽度调制)信号驱动。

PWM 具有两个重要参数:频率和占空比。占空比即高电平在一个周期内所占的比例,通过改变占空比可以实现调压。占空比越大,所得到的平均电压越大,电机转速越快;占空比越小,所得到的平均电压越小,电机转速越慢,如此可以实现直流电机的调速。

项目实现 2

如图 18-7 所示。由单片机的 I/O 口、定时/计数器等组成 PWM 控制模块控制直流电机的加速、减速以及电机的正转和反转。在 Proteus 仿真时可以方便地读出电机转速的大小和了解电机的转向。

设置定时器定时时间为 1 ms(晶振频率为 12 MHz),在不同速度挡位时,PWM 信号的占空比不同。设脉冲冲中高电平时间为 PWM_ON × 1 ms,脉冲周期为 CYCLE × 1 ms,本项目中设置 CYCLE 为 10。如果在 P2.0 引脚连接示波器,能够明显看到占空比不同时电压的变化。

```
#include <reg52.h>
sbit KEY1 = P3^1;                //定义调速按键
sbit PWM = P2^0;                 //定义调速端口
unsigned char CYCLE;             //定义周期,如果是10则周期是10×1 ms
unsigned char PWM_ON;            //定义高电平时间
void delayms(unsigned int delay) //函数:延时 ms
{
    unsigned int i,x;
    for (x=0;x<delay;x++)
    {
        for (i=0;i<100;i++);
```

```c
        }
    }
    main()
    {
        static unsigned char PWM_Num;              //定义挡位
        TMOD|=0x01;                                //定时器设置
        TH0 = (65536-1000)/256;
        TL0 = (65536-1000)%256;                    //定时1 ms
        IE = 0x82;                                 //打开中断
        TR0 = 1;                                   //启动定时器
        CYCLE = 10;
        P1 = 0xff;
        while(1)
        {
            if(! KEY1)
            {
                delayms(4);
                if(! KEY1)
                {
                    PWM_Num++;                     //通过按键调整挡位
                    if(PWM_Num == 4) PWM_Num = 0;
                    switch(PWM_Num)
                    {
                        case 0:P1 = 0xfe;PWM_ON = 0;break;
                        case 1:P1 = 0xfd;PWM_ON = 4;break;
                        case 2:P1 = 0xfb;PWM_ON = 6;break;
                        case 3:P1 = 0xf7;PWM_ON = 8;break;
                        default:break;
                    }
                    while(KEY1 == 0);
                }
            }
        }
    }
    void time(void) interrupt 1 using 1              //定时器中断函数
    {
        static unsigned char count = 0;
        TH0 = (65536-1000)/256;                      //定时器重装初始
        TL0 = (65536-1000)%256;
        if (count == PWM_ON)
        {
            PWM = 1;
```

```
        }
        count ++;
        if(count == CYCLE)
        {
            count = 0;
            PWM = 0;
        }
    }
```

习题 2

如图 18-9 所示，使用单片机两个 I/O 口 P2.0(left) 和 P2.1(right) 控制直流电机转动。外接 4 个按键，分别控制电机起动、停止、转向和四挡调速。

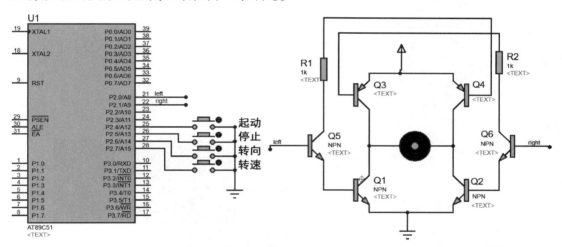

图 18-9 直流电机转向转速控制电路原理图

应用拓展

直流电机和步进电机有许多不同之处，常见区别体现在以下三个方面：

从结构上来看，步进电机的线圈在外侧固定，磁铁在内侧旋转。直流电机分为有刷直流电机和无刷直流电机两种，有刷直流电机的磁铁在外侧固定，线圈在内侧旋转，电刷和换向器负责向线圈供电和改变电流方向。无刷直流电机的线圈在外侧固定，磁铁在内侧旋转。一般来说，直流电机通常是指有刷直流电机。

从驱动方法来看，只要在电极上施加适当的电压，有刷直流电机就会旋转，但圈数难以精确控制；而步进电机的驱动信号必须是脉冲，根据脉冲节拍工作，可以以很小的角度旋转，精度高，并且不会累积误差。

从应用场景来看，步进电机适用于需要精确定位和控制的应用，而直流电机是一种能实现直流电能和机械能互相转换的电机，更适用于需要高速运动和较大功率的应用。

选择使用哪种电机要根据具体的应用需求和性能要求来确定。

项目 19 A/D 转换器应用设计

A/D 转换器是一个将模拟信号转变为数字信号的电子元件。常用作控制系统的输入端,将传感器采集的各种模拟量经过转换之后送至微控制器处理。

学习目标

- 了解 A/D 转换器的结构与工作原理。
- 了解 A/D 转换器的指标。
- 掌握并行接口 A/D 转换器的编程方法。
- 掌握串行接口 A/D 转换器的编程方法。

问题导入 1

如图 19-1 所示,利用 ADC0809 测量模拟电压值。模拟信号电压范围为 0~5 V,将测量值使用数码管显示,保留 2 位小数。

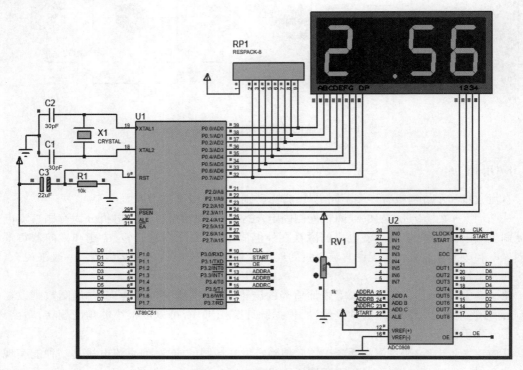

图 19-1 ADC0809 使用电路原理图

注:由于 Proteus 中缺少 ADC0809 的仿真模型,所以使用 ADC0808 代替,二者功能一致,精度略有不同。

项目 19 A/D 转换器应用设计

1. ADC0809 内部结构和引脚功能

ADC0809 是采用逐次逼近式原理工作的 8 位 A/D 转换器,其内置有 8 路模拟量切换开关,可以完成 8 通道的模拟量转换。输出具有三态锁存功能。ADC0809 分辨率是 8 位,即转换后输出 8 位数字信号,转换时间约为 100 μs,精度小于 ±1LSB。ADC0809 的引脚和内部结构如图 19-2 所示。

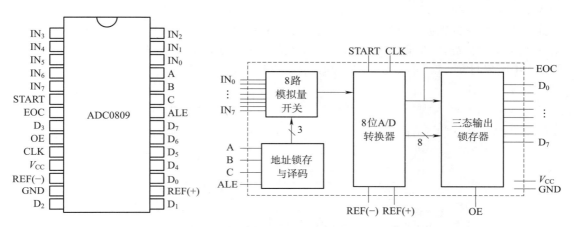

图 19-2 ADC0809 的引脚和内部结构及引脚图

ADC0809 各个引脚功能如下:

① $IN_0 \sim IN_7$:8 通道模拟信号输入端。

② $D_0 \sim D_7$:8 位数字量输出端,与单片机数据总线相连。

③ START:转换启动信号。上升沿时,内部寄存器清零;下降沿时,开始 A/D 转换。

④ A,B,C:地址线。用于选择 $IN_0 \sim IN_7$ 通道上的模拟量输入。

⑤ ALE:地址锁存信号,高电平(上升沿)有效。

⑥ EOC:转换结束信号。0:正在 A/D 转换;1:A/D 转换结束。

⑦ OE:输出允许控制端。1:允许输出转换的结果。

⑧ CLK:时钟信号,通常为 640 kHz 的方波。

⑨ REF(+) 和 REF(−):A/D 转换的参考电压。

⑩ V_{CC}:电源电压。

2. A/D 转换器的性能指标

A/D 转换器的性能指标主要有分辨率、转换时间、转换精度等。

分辨率是衡量 A/D 转换器能够分辨出输入模拟量最小变化程度的技术指标。分辨率取决于 A/D 转换器的位数,所以习惯上用输出的二进制位数或 BCD 码位数表示。

转换精度定义为一个实际 A/D 转换器与一个理想 A/D 转换器在量化值上的差值,可用绝对误差或相对误差表示。

转换时间是 A/D 转换器完成一次转换所需要的时间。转换时间的倒数为转换速率。

3. ADC0809 的使用

根据图 19-3,使用 ADC0809 应有如下步骤:

①初始化时,使 START 和 OE 信号全为低电平。
②将选择的通道地址送到 A、B、C 引脚上,ALE 引脚下降沿会将其锁存。
③在 START 端给出一个至少 100 ns 宽的正脉冲信号。
④根据 EOC 信号判断是否转换完毕。该信号可供单片机查询,也可反相后作为向单片机发出的中断请求信号。
⑤转换完毕后,给 OE 高电平,转换的数据输出给单片机。

单片机读取 ADC 的转换结果时,可采用查询和中断控制两种方式。查询方式是在单片机启动 A/D 转换后执行其他程序,同时不断检测 ADC0809 的 EOC 引脚,如查询到 EOC 引脚为高电平,读入转换完毕的数据。中断控制方式是在启动 ADC 后,单片机执行其他程序。ADC0809 转换结束并向单片机发出中断请求信号时,单片机响应此中断请求,进入中断服务程序,读入转换的结果。中断控制方式效率高,适合于转换时间较长的 ADC。

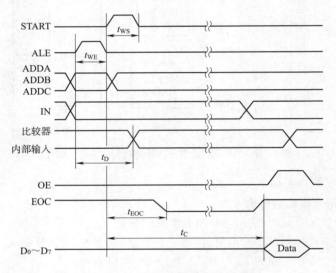

图 19-3　ADC0809 操作时序图

注:t_{WS}表示启动脉冲最小宽度;t_{WE}表示 ALE 脉冲最小宽度;t_D表示比较器输入延迟;t_{EOC}表示转换延迟;t_C表示转换时间。

ADC0809 转换器输入模拟量与输出数字量之间的对应关系如式(19-1)所示。

$$D_o = \frac{(V_{in} - V_{ref(-)}) \times (2^n - 1)}{V_{ref(+)} - V_{ref(-)}} \bigg|_{INTEGER} \tag{19-1}$$

式中,V_{in}为输入模拟电压;D_o为 A/D 转换输出的数字量;$V_{ref(+)}$、$V_{ref(-)}$为参考电压;INTEGER 表示取整;n 为分辨率。

项目实现1

主程序流程图如图 19-4 所示。初始化定时/计数器 T0,产生 CLK 信号供 ADC0809 工作使用。主循环中调用 read0809( )函数,读取 ADC 转换结果,换算为对应的模拟电压值,写入显示缓冲区,使用数码管动态扫描方式显示。

ADC0809 工作流程图如图 19-5 所示。首先输入通道地址,START 信号锁存地址、启动 ADC00809 工作。等待大约 100 μs 后,A/D 转换完成,使能 OE 信号,读取转换结果,返回数据。

项目 19　A/D 转换器应用设计

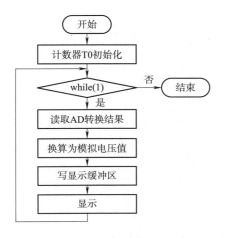

图 19-4　主程序流程图

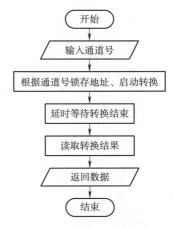

图 19-5　ADC0809 工作流程图

代码如下：

```c
#include <reg51.h>
#define uchar unsigned char
#define uint unsigned int
uchar code SEG[] = {0x3f,0x06,0x5b,0x4f,0x66,0x6d,0x7d,0x07,0x7f,0x6f,0x80};
                                              //段码
uchar code W[4] = {0xfe,0xfd,0xfb,0xf7};      //位码
uchar disBuff[4];                             //显示缓冲区
sbit CLK = P3^0;                              //工作时钟信号
sbit ST = P3^1;                               //启动信号
sbit OE = P3^2;                               //输出使能
sbit ADDR1 = P3^3;
sbit ADDR2 = P3^4;
sbit ADDR3 = P3^5;                            //通道地址
float V;
void delayms(uint x)
{
    uchar i;
    while(x--)
    {
        for(i=0;i<120;i++);
    }
}
void delay(uint x)
{
    while(x--);
}
```

```c
uchar read0809(uchar ch)
{
    uchar temp;
    ST = 0;
    OE = 0;
    switch(ch)                              //选择通道
    {
        case 0:ADDR1 = 0;ADDR2 = 0;ADDR3 = 0;break;
        case 1:ADDR1 = 1;ADDR2 = 0;ADDR3 = 0;break;
        case 2:ADDR1 = 0;ADDR2 = 1;ADDR3 = 0;break;
        case 3:ADDR1 = 1;ADDR2 = 1;ADDR3 = 0;break;
        case 4:ADDR1 = 0;ADDR2 = 0;ADDR3 = 1;break;
        case 5:ADDR1 = 1;ADDR2 = 0;ADDR3 = 1;break;
        case 6:ADDR1 = 0;ADDR2 = 1;ADDR3 = 1;break;
        case 7:ADDR1 = 1;ADDR2 = 1;ADDR3 = 1;break;
    }
    ST = 1;
    ST = 0;                                 //启动
    delay(100);
    OE = 1;                                 //输出
    temp = P1;                              //读 A/D 转换数据
    OE = 0;
    return temp;
}
void wrDisBuff()                            //写入显示缓冲区
{
    uint x;
    x = V * 100;
    disBuff[0] = x/100% 10;
    disBuff[1] = 10;                        //小数点
    disBuff[2] = x/10% 10;
    disBuff[3] = x% 10;
}
void display()
{
    uchar i;
    for(i = 0;i < 4;i ++)                   //动态扫描显示
    {
        P2 = W[i];                          //位
        P0 = SEG[disBuff[i]];               //段码
        delayms(1);
    }
}
```

```c
void main()
{
    uchar temp;
    TMOD=0x02;                          //T1 工作方式 2
    TH0=0xff;
    TL0=0xff;
    TR0=1;                              //启动定时器
    ET0=1;                              //源允许
    EA=1;                               //总允许
    while(1)
    {
        temp=read0809(1);               //读 A/D 转换数据
        V=temp*5.0/255;                 //换算为电压值
        wrDisBuff();
        display();
    }
}
void Timer0_INT() interrupt 1           //T0 定时器中断给 ADC0809 提供时钟信号
{
    CLK=~CLK;                           //P3.0 取反
}
```

习题 1

用 ADC0809 设计一个 8 路电压循环测量系统,模拟电压输入值为 0~5 V,使用数码管或 LCD 循环显示 8 路电压值。

问题导入 2

如图 19-6 所示,利用 TLC1543 测量模拟电压值。模拟信号电压值为 0~5 V,测量值使用数码管显示,保留 2 位小数。

知识链接 2

TLC1543 是采用逐次逼近式原理工作的 10 位 A/D 转换器,内置 11 通道模拟量切换开关。TLC1543 分辨率是 10 位,即转换后输出 10 位数字信号,转换时间约为 10 μs。TLC1543 与单片机接口为 SPI 串行接口。引脚图如图 19-7 所示。

TLC1543 各个引脚功能如下:

①$A_0 \sim A_{10}$:11 个通道的模拟信号输入端,地址分别为 0000B~1010B。

②REF(+):基准电压正端,电压范围为 $V_{REF(-)} \sim V_{CC}$ 之间。

③REF(-):基准电压负端,通常接地。

④CS:片选端。

⑤ADDRESS:串行地址输入端。在 I/O CLK 的上升沿,将被选择的模拟量输入端的地址送入该引脚,先送高位,再送低位。

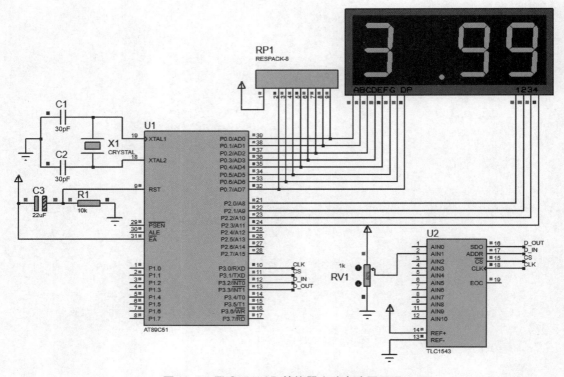

图 19-6　TLC1543AD 转换器实验电路原理图

⑥DATA OUT：A/D 转换结束后，串行数据从该引脚由高位到低位依次输出。

⑦I/O CLOCK：为数据输入/输出提供同步时钟。

⑧EOC：转换结束信号。

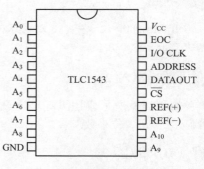

图 19-7　TLC1543 引脚图

TLC1543 与单片机通过三线 SPI 总线相连，根据 I/O CLOCK 的速度以及 CS 引脚是否参与控制，TLC1543 的使用共分了六种模式，其中有四种快速模式，两种慢速模式。以其中一种快速模式为例，A/D 转换的时序如图 19-8 所示，在 CS 引脚送入下降沿后，前 4 个 I/O CLOCK 时，先送入 4 位的通道地址。接下来的 6 个 I/O CLOCK，TLC1543 开始采样输入的模拟量，之后 EOC 引脚变为低电平，开始进行 A/D 转换。在 CS 引脚送入下降沿的同时，前一次转换的结果会出现在 DATA OUT 引脚，按照由高位到低位的顺序输出，EOC 引脚为高电平。由此可以得到使用该器件时的操作步骤如下：

①输入 4 位通道地址。高位在前，低位在后。

②填入 6 个 CLK 脉冲。

③等待 A/D 转换（10 μs 以上）。

④读取转换数据。

⑤返回数据。

项目 19 A/D 转换器应用设计

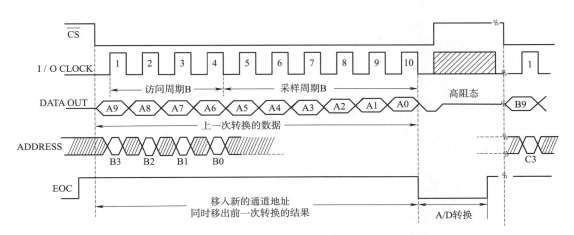

图 19-8 A/D 转换的时序图

TLC1543 转换器输出仍可按照式(19-1)计算,这里 $n=10$,假设取参考电压 $V_{ref(+)}=5\ V,V_{ref(-)}=0\ V$,有如下公式:

$$D_o = \frac{1\,023 \times V_i}{5.0} \quad (19\text{-}2)$$

式中,V_i 为输入模拟量电压;D_o 为 A/D 转换输出数字量。

项目实现 2

主程序中重复调用 read1543( ) 函数读取 A/D 转换结果,换算为对应的模拟电压值,写入显示缓冲区,并使用数码管动态扫描方式显示。

TLC1543 工作流程图如图 19-9 所示。首先输入 4 位通道地址,再输入 6 个 CLK 脉冲,启动 A/D 转换器工作,等待大约 10 μs 后,A/D 转换完成,读取转换结果,返回数据。

程序代码如下:

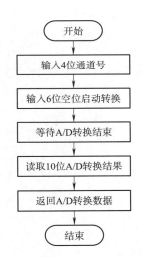

图 19-9 TLC1543 工作流程图

```c
#include <reg51.h>
#include <intrins.h>
#define uchar unsigned char
#define uint unsigned int
uchar code SEG[] = {0x3f,0x06,0x5b,0x4f,0x66,0x6d,0x7d,0x07,0x7f,0x6f,0x80};
uchar code W[4] = {0xfe,0xfd,0xfb,0xf7};
uchar disBuff[4];
sbit CLK = P3^0;        //时钟
sbit _CS = P3^1;        //启动信号
sbit D_IN = P3^2;       //输出使能
sbit D_OUT = P3^3;      //输出
float V;
void delayms(uint x)
```

```c
{
    uchar i;
    while(x--)
    {
        for(i=0;i<120;i++);
    }
}
void delay(uint x)
{
    while(x--);
}
uint read1543(uchar port)    //port 为模拟量输入通道的地址,取值范围为 0~10
{
    uint ad;
    uint i;
    uchar al=0,ah=0;         //转换输出的数据共由10位组成,高2位存在ah,低8位存在al

    CLK=0;
    _CS=0;
    port<<=4;
    for(i=0;i<4;i++)         //将选择的通道号串行移入 ADDRESS 引脚
    {
        D_IN=(bit)(port&0x80);
        CLK=1;
        CLK=0;
        port<<=1;
    }
    for(i=0;i<6;i++)         //输入 6 个 CLK 脉冲
    {
        CLK=1;
        CLK=0;
    }
    _CS=1;
    delay(20);               //等待转换结束
    _CS=0;
    _nop_();_nop_();_nop_();
    for(i=0;i<2;i++)         //将转换结果高2位通过 P3.3 引脚送入 ah
    {
        D_OUT=1;
        CLK=1;
        ah<<=1;
        if(D_OUT)
```

```
            ah+=0x01;
        CLK=0;
    }
    for(i=0;i<8;i++)                    //将转换结果低8位通过P3.3引脚送入al
    {
        D_OUT=1;
        CLK=1;
        al<<=1;
        if(D_OUT)
            al+=0x01;
        CLK=0;
    }
    _CS=1;
    ad=(uint)ah;
    ad<<=8;
    ad+=(uint)al;
    return ad;                          //返回A/D转换的结果,由10位二进制数构成
}
void wrDisBuff()                        //写入显示缓冲区
{
    uint x;
    x=V*100;
    disBuff[0]=x/100%10;
    disBuff[1]=10;                      //小数点
    disBuff[2]=x/10%10;
    disBuff[3]=x%10;
}
void display()
{
    uchar i;
    for(i=0;i<4;i++)                    //动态扫描显示
    {
        P2=W[i];                        //位
        P0=SEG[disBuff[i]];             //段
        delayms(1);
    }
}
void main()
{
    uint temp;
    while(1)
    {
```

```
                temp = read1543(1);          //启动 A/D 转换,并读出转换结果
                V = temp* 5.0/1023;          //根据式(19-2)转换为电压值
                wrDisBuff();
                display();
        }
}
```

习题②

设计一个 8 路电压循环测量系统,输入模拟电压范围为 0～5 V,使用数码管或 LCD 循环显示 8 路电压值,使用 TLC1543 实现。

提示:8 路电压循环测量系统可以使用一个 A/D 转换器实现,在 A/D 转换器的 8 路模拟量输入端各接入 1 路模拟电压信号,在程序中分时循环测量 8 路电压值。

应用拓展

在电路设计中使用的每个元件都会有其说明手册,通常包括元件的描述、性能指标、使用方法等内容,手册的内容非常全面,能够完全了解当然是最好的。但有时为了提高开发效率,会挑选比较重要的内容先来了解,例如元件特点、引脚功能、时序图等。根据元件特点,可以了解元件在该设计中是否可用;通过引脚功能可得知该元件和其他元件如何连接;而时序图就更加重要,它凝结了该元件使用的精华部分,能够看懂时序图,操控这个元件就会比较容易。

项目 20 D/A 转换器应用设计

D/A 转换器是将数字信号转换为模拟量信号的电子元件。根据输出模拟量信号的形式,可以分为电流输出型和电压输出型。主要用在计算机控制系统中的输出端,与执行器相连,实现对生产过程的自动控制。

学习目标

- 了解 D/A 转换器的结构与工作原理。
- 了解 D/A 转换器的主要性能指标。
- 掌握并行接口 D/A 转换器的编程方法。
- 掌握串行接口 D/A 转换器的编程方法。

问题导入 1

如图 20-1 所示,DAC0832 与单片机采用单缓冲连接方式,通过按键选择分别输出矩形波、三角波、锯齿波和正弦波,使用示波器显示。

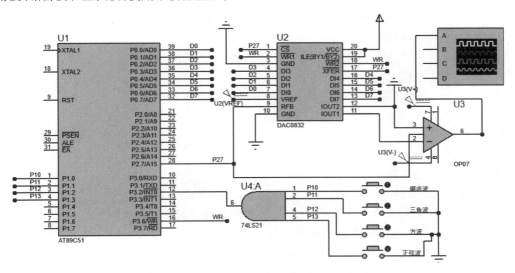

图 20-1 DAC0832 产生波形信号电路原理图

知识链接 1

1. DAC0832 的逻辑结构和引脚功能

DAC0832 是电流型 D/A 转换器,利用开关使 T 形电阻网络产生与输入数字量成正比的电流,再经外接的反相运算放大器转换成电压。DAC0832 的分辨率是 8 位数字量,建立时间约 1 μs,功耗低,只有 20 mW。内部具有 2 个输入数据寄存器和 1 个 8 位 D/A 转换器,逻辑结构和引脚排列如图 20-2 所示。

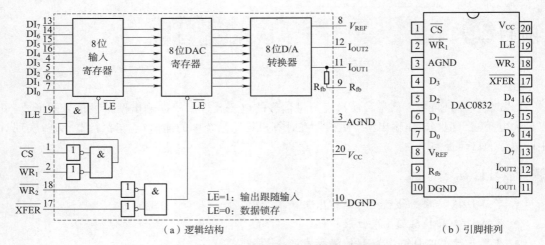

图 20-2　DAC0832 的逻辑结构和引脚排列

DAC0832 各引脚功能如下:

① $D_0 \sim D_7$:8 位数字信号输入线,用于接收待转换的数字量。
② ILE:数据锁存允许信号,高电平有效。
③ $\overline{CS}$:片选端,低电平时该芯片被选中。
④ $\overline{WR_1}$:第一级输入寄存器的"写"选通信号,低电平有效。
⑤ $\overline{WR_2}$:DAC 寄存器的"写"选通信号,低电平有效。
⑥ $\overline{XFER}$:数据传送信号,低电平有效。
⑦ V_{REF}:基准电压输入线。
⑧ R_{fb}:外部反馈信号输入端,片内已有反馈电阻(15 kΩ)。
⑨ I_{OUT1} 和 I_{OUT2}:电流转换输出。I_{OUT1} 与 I_{OUT2} 的和为常数。
⑩ V_{CC}:工作电源。
⑪ DGND:数字信号地。
⑫ AGND:模拟信号地。

2. D/A 转换器的性能指标

D/A 转换器的性能指标主要有三个,分别是分辨率、建立时间和转换精度。

分辨率指单位数字量的变化所引起的模拟量输出的变化,通常定义为输出满刻度值与 2^n 之比,n 为输入数字量的二进制位数(也可用 n 表示)。位数越多,分辨率越高,即 D/A 转换器对输入量变化的敏感程度越高。例如,DAC0832 为 8 位的 D/A 转换器,若满量程输出为 5 V,分辨率为 $5\ V/2^8 = 19.53\ mV$。

建立时间是描述 D/A 转换器转换快慢的一个参数,用于表明转换时间或转换速度。其值为从输入数字量到输出达到终值误差 $\pm(1/2)$ LSB 时所需的时间。

转换精度指的是转换的误差,理想情况下,转换精度与分辨率基本一致,位数越多精度越高,但由于电源电压、基准电压、电阻、制造工艺等各种因素存在着误差,转换精度与分辨率并不完全一致。

3. DAC0832 与单片机的连接

DAC0832 使用 8 位并行接口与单片机连接,根据内部输入寄存器、数据寄存器的控制方式,将 DAC0832 与单片机的连接分为了直通方式、单缓冲方式和双缓冲方式。其中单缓冲方式或双缓冲方式的单极性输出比较常用。

单缓冲方式指 DAC0832 内部的两个寄存器有一个处于直通方式,另一个受单片机控制。在实际应用中,如果只有一路模拟量输出,或虽是多路模拟量输出但并不要求多路输出同步的情况下,可采用单缓冲方式。

当 $\overline{CS}=0$、$ILE=1$、$\overline{WR_1}=0$ 时,待转换的数字量被锁存到第一级 8 位输入寄存器中。当 $\overline{XFER}=0$、$\overline{WR_2}=0$ 时,输入寄存器中待转换的数据传入数据寄存器中。

双缓冲方式则是指两个数据缓冲器分别由单片机控制。

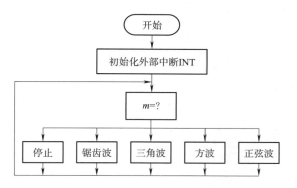

图 20-3 主程序流程图

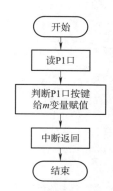

图 20-4 INT0 中断服务程序流程图

项目实现 1

主程序流程图如图 20-3 所示,根据变量 m 的值,分别输出锯齿波、三角波、方波、正弦波数据给 DAC0832,产生相应波形。

本项目使用了单缓冲方式连接。通过外部中断完成按键的处理,流程图如图 20-4 所示。读取 P1 口按键状态,根据状态给变量 m 赋值,作为不同波形的标志位。

图 20-1 中,DAC0832 转换器输出的模拟量计算公式如下:

$$V_o = D_i \times \frac{5.0}{256} \quad (20\text{-}1)$$

式中,V_o 为输出电压;D_i 为输入数字量。

以输出锯齿波为例,输入数字量从 0 开始逐次加 1 进行 D/A 转换,模拟量与其成正比输出。当数字量达到 0xff 时,再加 1 则溢出清零,模拟输出回到 0,然后重复上述过程,输出的波形就是锯齿波,如图 20-5 所示。

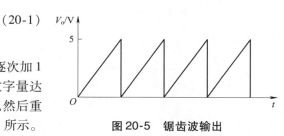

图 20-5 锯齿波输出

代码如下:

```
#include <absacc.h>
#include <math.h>
#include <reg51.h>
```

```c
#define uchar unsigned char
#define uint unsigned int
#define DAC0832 XBYTE[0x7fff]              //端口号
sbit P10 = P1^0;
sbit P11 = P1^1;
sbit P12 = P1^2;
sbit P13 = P1^3;
uchar m = 0;
float alph;
#define PI 3.14159
void delay(uint x)
{
    while(x--);
}
void int0() interrupt 0
{
    P1 = 0xff;
    if(P10 == 0)   m = 1;                  //锯齿波
    if(P11 == 0)   m = 2;                  //三角波
    if(P12 == 0)   m = 3;                  //方波
    if(P13 == 0)   m = 4;                  //正弦波
}
void main()
{
    uchar i;
    IT0 = 1;                               //下降沿触发
    EA = 1;                                //总允许
    EX0 = 1;                               //源允许
    while(1)
    {
      kkk:switch(m)
      {
          case 0: goto kk;break;           //停止
          case 1: goto k0;break;           //锯齿波
          case 2: goto k1;break;           //三角波
          case 3: goto k2;break;           //方波
          case 4: goto k3;break;           //正弦波
          default:break;
      }
    k0: while(1)
    {
          for(i=0;i<=0xff;i++)
```

```
            { DAC0832 = i;delay(20); }              //锯齿波
        goto kkk;
    }
    k1:while(1)
    {
        for(i = 0;i < 0xff;i ++)
            {DAC0832 = i;delay(20);}                //三角波上升沿
        for(i = 0xff;i > 0;i --)
            {DAC0832 = i;delay(20);}                //三角波下降沿
        goto kkk;
    }
    k2: while(1)
    {
        DAC0832 = 0xff;
        delay(500);
        DAC0832 = 0;
        delay(500);                                 //方波
        goto kkk;
    }
    k3: while(1)
    {
        for(alph = 0;alph <= 2* PI;alph + = 0.1)
        {
            DAC0832 = 127 + 127* sin(alph);         //正弦波
        }
        goto kkk;
    }
    kk:DAC0832 = 0;
    }
}
```

习题 1

X-Y 平面绘图仪有 X、Y 两个控制通道,每个通道各有一个步进电机驱动,其中一个步进电机控制绘笔沿 X 方向运动;另一个步进电机控制绘笔沿 Y 方向运动。两个绘笔同时运动,可以在图纸上绘出各种字符和图形。请根据这个原理,结合图 20-6 所示原理图,绘制任意图形。

提示:两个方向需要分别控制,同步输出,可以采用 D/A 转换的双缓冲方式。数字量的输入锁存和 D/A 转换输出分两步完成的。图 20-6 中 DAC0832 各端口地址如下:

0xfd:1#DAC0832 数字量输入控制端口。

0xfe:2#DAC0832 数字量输入控制端口。

0xff:1#DAC0832 和 2#DAC0832 启动 D/A 转换端口。

单片机项目教程

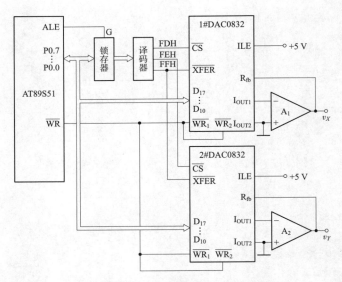

图 20-6　X-Y 平面绘图仪驱动电路

问题导入 2

如图 20-7 所示，TLC5615 与单片机连接，通过按键选择分别输出锯齿波、三角波、方波和正弦波，使用示波器显示。

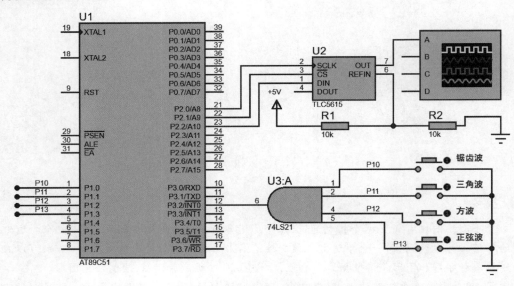

图 20-7　TLC5615 电路原理图

知识链接 2

TLC5615 是串行接口的 D/A 转换器，输出为电压型，输出电压幅度最大为基准电压的 2 倍，分辨率是 10 位，转换时间最大为 12.5 μs。

TLC5615 与单片机的连接使用三线 SPI 接口,多片 TLC5615 可以级联。内部结构框图和引脚排列如图 20-8 所示。

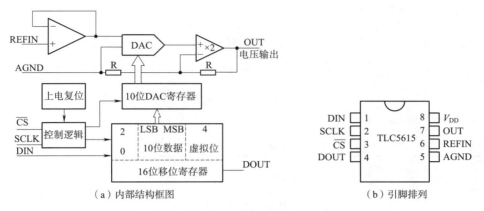

图 20-8　TLC5615 内部结构框图和引脚排列

TLC5615 各引脚功能如下:
① DIN:串行数据输入。
② SCLK:串行时钟输入。
③ $\overline{CS}$:片选引脚,低电平有效。
④ DOUT:串行数据输出,用于级联。
⑤ AGND:模拟地。
⑥ REFIN:基准电压输入。
⑦ OUT:DAC 模拟电压输出($0 \sim 2V_{ref}$)。
⑧ V_{DD}:正电源(4.5~5.5 V),通常取 5 V。

如图 20-9 所示,时钟信号 SCLK 低电平时允许 DIN 数据变化,SCLK 上升沿时锁存数据。当 $\overline{CS}$ 为低电平时,数字量从 DIN 引脚输入到 16 位移位寄存器中,高位在前;当 $\overline{CS}$ 出现上升沿时,移位寄存器中的数据被送入 DAC 寄存器进行转换。如需级联,$\overline{CS}$ 为低电平时,数字量从 DOUT 端按照从高位到低位依次输出(需要 16 个 SCLK 的下降沿)。$\overline{CS}$ 的变化总是发生在 SCLK 为低电平的时刻。

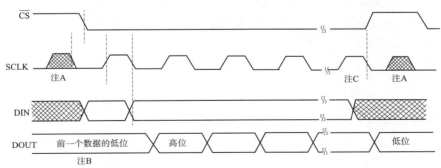

注: A. 当 $\overline{CS}$ 为高时,SCLK 引脚的时钟应拉低。
　　B. 上一个转换周期的数据输出。
　　C. 第十六个时钟的下降沿。

图 20-9　TLC5615 时序图

TLC5615 内部的输入锁存器是 16 位宽度,不级联时,数字量的输入可以采用 12 位方式,如图 20-10 所示,由 10 位数字量按照从高位到低位的顺序输入,另外加两位额外的 0。数字量和输出模拟量之间的对应关系见表 20-1。

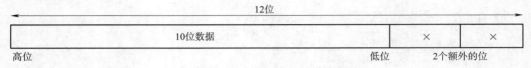

图 20-10 输入数据格式

注:×表示可以随意设置。

表 20-1 输出与输入的对照关系

输入			输出
1111	1111	11(00)	$2(V_{REFIN})\frac{1\ 023}{1\ 024}$
⋮	⋮		⋮
1000	0000	01(00)	$2(V_{REFIN})\frac{513}{1\ 024}$
1000	0000	00(00)	$2(V_{REFIN})\frac{512}{1\ 024}=V_{REFIN}$
0111	1111	11(00)	$2(V_{REFIN})\frac{511}{1\ 024}$
⋮	⋮		⋮
0000	0000	01(00)	$2(V_{REFIN})\frac{1}{1\ 024}$
0000	0000	00(00)	0 V

项目实现 2

项目中 REFIN 引脚的参考电压由电阻分压得到,为 2.5 V。按照表 20-1,数字量为 1000 0000 00(00)B(即 512)的时候,输出的模拟量与 VREFIN 相同。以输出三角波为例,输入数字量从 0 开始逐次加 1 达到 511,分别进行 D/A 转换,模拟量与其成正比输出为 0~2.5 V。接下来数字量从 512 开始逐次减 1 直到 0,输出三角波下降部分,电压从 2.5 V 到 0,重复上述过程。

因为数字量采用 12 位输入方式,需要将上述输入值左移 6 位,放在 unsigned int 变量 da 的高 12 位中,再由高到低依次移入 DIN 引脚。

代码如下:

```
#define uchar unsigned char
#define uint unsigned int
sbit P10 = P1^0;
sbit P11 = P1^1;
sbit P12 = P1^2;
sbit P13 = P1^3;
sbit CLK = P2^0;        //时钟
sbit _CS = P2^1;        //片选
```

```c
sbit D_IN = P2^2;                       //输入
uchar m = 0;
float alph;                             //角度
#define PI 3.14159
void delay(uint x)
{
    while(x--);
}
void int0() interrupt 0
{
    P1 = 0xff;
    if(P10==0)   m=1;                   //锯齿波
    if(P11==0)   m=2;                   //三角波
    if(P12==0)   m=3;                   //方波
    if(P13==0)   m=4;                   //正弦波
}
void wr5615(uint da)                    //输入数据
{
    uchar i;
    da <<= 6;                           //将输入数字量移到da的高12位
    _CS = 0;
    CLK = 0;
    for(i=0;i<12;i++)                   //输入12位
    {
        D_IN = (bit)(da&0x8000);        //由高位到低位依次送入
        CLK = 1;
        da <<= 1;
        CLK = 0;
    }
    _CS = 1;
    CLK = 0;
}
void main()
{
    uint i;
    EA = 1;
    EX0 = 1;
    IT0 = 1;                            //下降沿触发
    while(1)
    {
        kkk:switch(m)
        {
```

```c
            case 0: goto kk;break;                    //停止
            case 1: goto k0;break;                    //锯齿波
            case 2: goto k1;break;                    //三角波
            case 3: goto k2;break;                    //方波
            case 4: goto k3;break;                    //正弦波
            default:break;
        }
        k0: while(1)
        {
            for(i=0;i<512;i++)
                { wr5615(i);delay(5); }               //锯齿波
            goto kkk;
        }
        k1:while(1)
        {
            for(i=0;i<512;i++)                        //三角波上升沿
                {wr5615(i);delay(5);}
            for(i=512;i>0;i--)                        //三角波下降沿
                {wr5615(i);delay(5);}
            goto kkk;
        }
        k2: while(1)
        {
            wr5615(512);
            delay(1000);
            wr5615(0);
            delay(1000);                              //方波
            goto kkk;
        }
        k3:  while(1)
        {
            for(alph=0;alph<=2*PI;alph+=0.1)
            {
                i=512+512*sin(alph);
                wr5615(i);                            //正弦波
            }
            goto kkk;
        }
        kk:wr5615(0);
    }
}
```

习题 2

根据图 20-7 所示电路,利用 TLC5615 电路输出一非标准波形,并解释输出与输入之间的关系。

提示:非标准波形由于无法使用数学公式描述,不能直接转换为 C 语句输出。可以将要输出的非标准波形采样值定义为常数数组,在程序中通过查表的方式得到。

应用拓展

随着超大规模集成电路技术的飞速发展,D/A 转换器的新设计思想和制造技术层出不穷,出现了大量结构不同、性能各异的转换芯片。在选择时,需要注意参考其性能指标,例如与单片机的连接是串行还是并行,分辨率和精度是否能满足产品需求,对高速应用还要考虑建立时间是否满足需要。

项目 21 并行接口扩展应用设计

单片机内部集成了 CPU、存储器、中断、定时器、并行接口和串行接口等功能部件,多数情况下使用内部资源和外接的输入/输出设备即可满足产品需求。但在复杂的应用场合,需要进行扩展,以弥补片内硬件资源的不足。51 系列单片机片内只有 4 个并行接口,当需要并行驱动的外设比较多时,需要考虑并行接口扩展问题。单片机并行扩展的典型结构是总线结构。各扩展部件通过三总线与单片机连接起来,分时利用总线与单片机通信。

学习目标

- 了解三总线结构及实现。
- 掌握扩展芯片的两种片选方法。
- 掌握扩展并行接口的编程方法。

问题导入 1

如图 21-1 所示,使用 74HC273 和 74HC244 分别作为输出接口和输入接口,采用线选法选择两个芯片,读取开关状态,输出到 74HC273,控制 LED 显示。

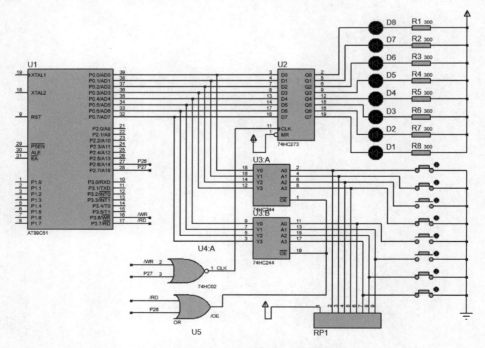

图 21-1 线选法选通并行接口电路原理图

知识链接 1

1. 总线结构

总线是各部件之间传送信息的公共通道,根据传输内容的不同,可以分为地址总线、数据总线和控制总线。

地址总线(address bus,AB)用于传送单片机送出的地址信号,寻址存储器单元或 I/O 端口,单向传输。地址总线的条数决定了单片机可直接访问的片外单元的数目。

数据总线(data bus,DB)用于单片机与存储器或 I/O 口之间数据的传送,双向传输。通常数据总线的位数与 CPU 的字长一致。

控制总线(control bus,CB)是控制片外 ROM、RAM 和 I/O 口读/写操作的一组信号线。51 系列单片机的控制总线由 ALE、$\overline{PSEN}$、$\overline{WR}$、$\overline{RD}$ 等构成。

如图 21-2 所示,51 系列单片机 P2 口作为地址总线的高 8 位,P0 口作为地址总线的低 8 位,又分时复用作数据总线,形成了具有 16 位地址总线,

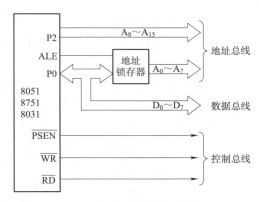

图 21-2 总线结构示意图

8 位数据总线的总线结构,为外部存储器和 I/O 接口器件的连接提供了方便,能够访问的片外存储器和 I/O 口可达到 64 KB($2^{16}\times 8b$),地址范围为 0000H~0FFFFH。对于较复杂的系统,一般优先采用三总线连接方式。

2. 并行接口扩展常用芯片

做并行接口扩展时,要灵活运用"输入三态,输出锁存"的原则以实现异步收发。选用带锁存功能的器件作为输出接口,选用可三态控制的芯片作为输入接口。以 74HC244 和 74HC273 为例。

74HC244 是带三态控制的 8 路缓冲器/线路驱动器,其内部功能框图和引脚图如图 21-3 所示。当 $\overline{OE}$ 为低电平时,A 端的数据送出到 Y 端。可以将其用作输入接口,当单片机给 $\overline{OE}$ 引脚低电平时,将外设的数据读入到数据总线。

74HC273 内部含有 8 路边沿触发的 D 触发器,每个 D 端输入的状态将在时钟脉冲 CP 上升沿之前的一段就绪时间内被传输到对应的输出 Q 上,CP 上升沿之后输出维持不变(锁存)。$\overline{MR}$ 为清零端,当 $\overline{MR}$ 为低时将输出 Q 端强制清零,不依赖于时钟或者数据输入。其引脚如图 21-4 所示。可以将 74HC273 用作输出接口,单片机控制 CP 引脚完成数据锁存。

3. 片选

三总线上可以连接多个 I/O 口芯片,但不能同时使用三总线传递数据,需要进行芯片的选择,即片选。片选有两种方法:线选法和译码法。

(1) 线选法

线选法是选用系统高位地址线的某些根作为 I/O 口芯片的片选信号,只需把用到的地址线与接口芯片的片选端直接相连即可。

(2) 译码法

当系统中 I/O 接口芯片比较多或 I/O 口不够用时,常使用译码法。译码法要使用地址译码器对系统的片外地址进行译码,以其译码输出片选 I/O 接口芯片。

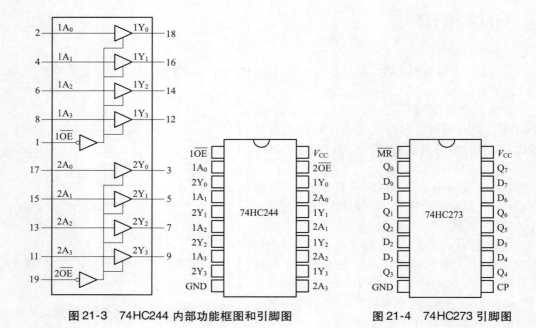

图 21-3　74HC244 内部功能框图和引脚图　　　　图 21-4　74HC273 引脚图

4. I/O 端口的编址

连接外围设备与 CPU 的转换电路称为 I/O 接口,可以有多种形式,可以是单独的芯片,也可以是门电路,在 PC 中还可以使用一些电路板作为 I/O 接口。I/O 接口中有一些寄存器或缓冲器,可以通过地址访问,称为 I/O 端口。CPU 对外围设备的访问实际是通过对 I/O 端口的访问完成的。

51 系列单片机中 I/O 端口与数据存储器 RAM 单元统一编址,因而可以使用访问存储器的指令访问 I/O 端口。设计时需注意将数据存储器单元地址与 I/O 端口的地址划分清楚,避免发生数据冲突。

5. 对绝对地址的访问

在 C51 中可以有以下两种方法指定片外 RAM 地址或 I/O 端口地址。

方法一:使用关键字 _at_。

使用方法为在定义的变量后面加上"_at_　绝对地址",不能对位变量及函数进行指定。例如:

```
unsigned char xdata K_OUT _at_ 0x7fff;  //定义变量K_OUT,地址为片外RAM区0x7fff单元
```

方法二:使用宏定义 XBYTE[ ]。

需要添加头文件"absacc.h",在该文件中有 CBYTE、XBYTE、DBYTE、PBYTE、PWORD、CWORD、XWORD、DWORD 等宏的定义。XBYTE 访问的是片外 RAM 区的字节地址单元。例如:

```
XBYTE[0x7fff] = i;   //将字节变量i的内容送至片外RAM的0x7fff地址单元
```

项目实现 1

设计中使用 74HC244 作为输入接口,使用 74HC273 作为输出接口,两个芯片的片选电路如

图 21-5 所示。读数据时单片机$\overline{RD}$引脚输出低电平,与 P2.6 引脚一起选通 74HC244 的$\overline{OE}$引脚,读入按键状态,端口地址只需保证 P2.6 为低、P2.7 为高即可,例如可以取 0xbfff。写数据时,单片机的$\overline{WR}$引脚输出低电平,与 P2.7 一起选通 74HC273 的 CLK 端,端口地址只需保证 P2.7 为低、P2.6 为高,例如可以取 0x7fff。

图 21-5 接口芯片的片选电路

程序代码实现方法一:

```c
#include <reg51.h>
#include <absacc.h>
#define uchar unsigned char
#define K_OUT XBYTE[0x7fff]        //输出端口
#define K_IN XBYTE[0xbfff]         //输入端口
void main()
{
    uchar temp;
    while(1)
    {
        temp = K_IN;               //读按键状态
        K_OUT = temp;              //输出 LED
    }
}
```

程序代码实现方法二:

```c
#include <reg51.h>
unsigned char xdata K_OUT _at_ 0x7fff;
unsigned char xdata K_IN _at_ 0xbfff;
void main()
{
   while (1)
      {K_OUT = K_IN};
}
```

习题 1

使用 2 片 74HC273 扩展两个并行输出口,驱动 8 位共阳极数码管显示数字"12345678"。其中一个并行口控制数码管的公共端,另一个并行口控制段码端。

问题导入 2

如图 21-6 所示,使用 74HC273 和 74HC244 分别作为输出接口和输入接口,采用 74HC138 译码后片选,读取开关状态,输出到 74HC273,控制 LED 显示。

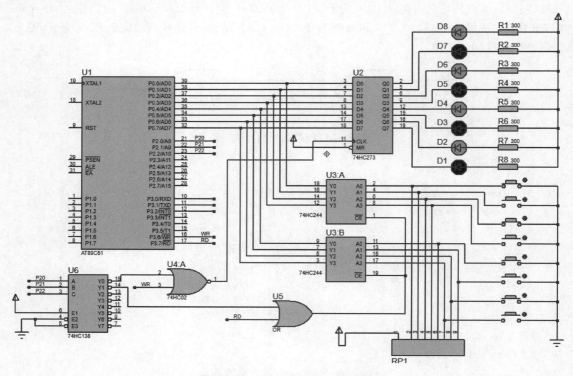

图 21-6 译码法片选电路原理图

知识链接 2

图 21-6 中使用了 74LS138 译码器。其引脚图及真值表如图 21-7 所示。G_1、$\overline{G_{2A}}$、$\overline{G_{2B}}$ 为控制端。只有当 G_1 为高电平,且 $\overline{G_{2A}}$、$\overline{G_{2B}}$ 均为低电平时,译码器才能进行译码输出。否则译码器的 8 个输出端全为高阻状态。

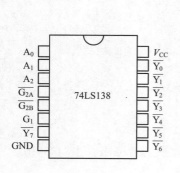

输入					输出							
使能		选择										
G_1	$\overline{G_{2A}}+\overline{G_{2B}}$	A_2	A_1	A_0	$\overline{Y_0}$	$\overline{Y_1}$	$\overline{Y_2}$	$\overline{Y_3}$	$\overline{Y_4}$	$\overline{Y_5}$	$\overline{Y_6}$	$\overline{Y_7}$
*	H	*	*	*	H	H	H	H	H	H	H	H
L	*	*	*	*	H	H	H	H	H	H	H	H
H	L	L	L	L	L	H	H	H	H	H	H	H
H	L	L	L	H	H	L	H	H	H	H	H	H
H	L	L	H	L	H	H	L	H	H	H	H	H
H	L	L	H	H	H	H	H	L	H	H	H	H
H	L	H	L	L	H	H	H	H	L	H	H	H
H	L	H	L	H	H	H	H	H	H	L	H	H
H	L	H	H	L	H	H	H	H	H	H	L	H
H	L	H	H	H	H	H	H	H	H	H	H	L

注:H 表示高电平,L 表示低电平,* 表示不相关。

图 21-7 74LS138 的引脚图及真值表

项目实现 2

片选 74HC273 需要 $\overline{Y_0}$ 为低电平,与译码器相连的 P2.2、P2.1、P2.0 引脚取值应为 000,因而地址可以取 0xf8ff。使能 74LS244 的 $\overline{OE}$ 引脚,需要 $\overline{Y_1}$ 为低电平,P2.2、P2.1、P2.0 引脚取值应为 001,因而地址可以取 0xf9ff。

程序代码如下:

```
#include <reg51.h>
#include <absacc.h>
#define uchar unsigned char
#define K_OUT XBYTE[0xf8ff]        //输出端口
#define K_IN XBYTE[0xf9ff]         //输入端口
void main()
{
    uchar temp;
    while(1)
    {
        temp = K_IN;               //读按键状态
        K_OUT = temp;              //输出 LED
    }
}
```

习题 2

使用 51 系列单片机作为控制中心,控制 40 个发光二极管摆成的点阵显示任意图形,通过定时器控制刷新频率。

提示:40 个发光二极管可以分为 5 组,每组由一块 74LS273 控制。

应用拓展

在并行总线扩展系统中,端口地址由系统的地址总线生成。如果没有连接所有的地址线,那么在访问端口时,未用到的地址线置 0 置 1 都可以,即多个地址指向同一端口。

这里只介绍了并口的扩展,其他部件也可以根据情况进行扩展,例如使用 74LS164 可以将串口扩展为并口,使用 8255 等专用接口芯片可以同时扩展多个并口,片外也可以扩展存储器等。

项目 22 温控风扇的设计

风扇在生活中应用广泛,如夏天人们用的散热风扇、大型机械中的散热风扇以及计算机上的 CPU 风扇等。随着温度控制技术的发展,温控风扇越来越受到重视并被广泛应用。温控风扇会根据环境温度值调整风扇转速实现降温,为生活带来便利。

学习目标

● 能够综合使用温度检测器件、电动机、独立键盘、数码管显示器等常见外设。

问题导入

设计一个温控风扇,通过 DS18B20 温度传感器采集温度(温度范围为 0~99 ℃),并用数码管显示温度值。根据温度值设定三个挡位,默认 30 ℃以上为高挡(H),风扇电动机全速旋转;20~30 ℃为低挡(L),风扇电动机低速旋转;20 ℃以下电动机停止旋转,风扇关闭。通过按键可以调整开关风扇的边界温度。电路如图 22-1 所示。

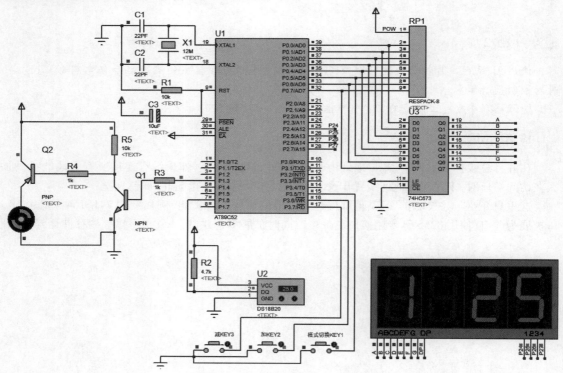

图 22-1 温控风扇电路原理图

知识链接

温控风扇主要由单片机、温度传感器、电动机、调挡按键、数码管显示器五部分构成。具体功能设计如下：

①使用 DS18B20 温度传感器采集温度值，温度范围为 0～99 ℃。

②设置 3 个按键，模式切换键 KEY1 可以切换 3 种模式，模式 1 为温度显示，模式 2 为高温温度设置，模式 3 为低温温度设置，显示的具体内容见表 22-1，效果如图 22-2 所示。加键 KEY2、减键 KEY3 分别用在模式 2、模式 3 调整温度边界值。

表 22-1 数码管显示的具体内容

模 式	显示内容	含 义
模式 1	三挡温度值显示为"挡位 温度"。 如："0　19"表示 0 挡 19 ℃； "1　25"表示 1 挡 25 ℃； "2　35"表示 2 挡 35 ℃	挡位及温度显示
模式 2	"H　温度"表示高挡的边界温度	高挡的边界值
模式 3	"L　温度"表示低挡的边界温度	低挡的边界值

③电动机带动风扇旋转，使用 PWM 信号驱动。

图 22-2 三种模式的显示结果

项目实现

1. 主程序流程

主程序需要完成初始化、采集温度并自动进行控制，流程图如图 22-3 所示。

2. 自动温控流程

将 DS18B20 采集的温度与边界温度比较，确定不同的挡位，并产生 PWM 信号驱动风扇电动机转动。程序流程图如图 22-4 所示。为简化程序，这里使用延时的方法产生了 PWM 波形。

3. 按键处理流程

设置了 3 个按键，KEY1 完成 3 种功能模式选择，每按一次改变一个模式。分别为显示采集的环境温度、设定高挡温度值、设定低挡温度值。KEY2 为"加"键，每按一次，高挡和低挡温度边界值加 1。KEY3 为"减"

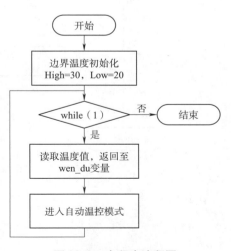

图 22-3 主程序流程图

键,每按一次,高挡和低挡温度边界值减1。按键处理流程图如图22-5所示。

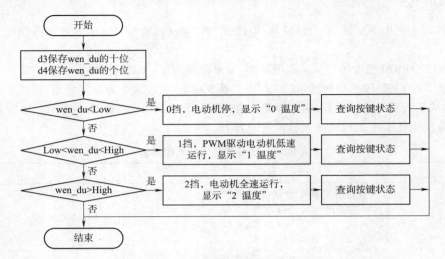

图22-4 自动温控程序流程图

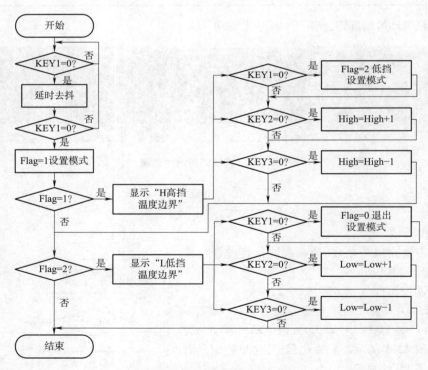

图22-5 按键处理流程图

代码如下:

```c
#include <intrins.h>      //包含头文件
#include <reg51.h>
```

```c
#define uchar unsigned char
#define uintunsigned int              //宏定义
sbit      DJ=P1^3;                    //电动机控制端接口
sbit      DQ=P1^6;                    //温度传感器接口
sbit      key1=P3^5;                  //设置模式切换
sbit      key2=P3^6;                  //温度加
sbit      key3=P3^7;                  //温度减
sbit      w1=P2^4;
sbit      w2=P2^5;
sbit      w3=P2^6;
sbit      w4=P2^7;                    //数码管的四个位选端
uchar table[20]={0x3F,0x06,0x5B,0x4F,0x66,0x6D,0x7D,0x07,0x7F,0x6F,0x77,0x7C,
0x39,0x5E,0x79,0x71,0x38,0x76};       //共阴极数码管段码,分别是0~F的段码、L,H的段码
uint      wen_du;                     //温度变量
uint      High,Low;                   //温度上限值和下限值
uchar     dang;                       //挡位,取值0、1、2、H、L
uchar     flag=0;
uchar     d3,d4;                      //显示数据d3、d4位的值
void delay(uint ms)                   //延时ms
{
    uchar x;
    for(ms;ms>0;ms--)
        for(x=123;x>0;x--);
}
void delay2us(uchar t)                //延时2μs,供DS18B20使用
{
    while(--t);
}
void ds18b20_reset(void)              //DS18B20重置初始化
{
    DQ=0;
    delay2us(250);
    DQ=1;
    delay2us(37);
    delay2us(250);
}
uchar readbyte(void)                  //函数:DS18B20读取1字节数据
{
    uchar i=0;
    uchar date=0;
        for(i=8;i>0;i--)
    {
```

```c
                DQ = 0;
                delay2us(2);
                DQ = 1;
                date >>= 1;
                if(DQ)
                date |= 0x80;
                delay2us(27);
            }
            return(date);
}
void writebyte(uchar dat)                    //函数:DS18B20 写入 1 字节数据
{
    uchar i = 0;
    for(i = 8;i > 0;i--)
    {
        DQ = 0;
        DQ = dat&0x01;
        delay2us(30);
        DQ = 1;
        dat >>= 1;
        delay2us(13);
    }
}
uint ReadTemp(void)                          //函数:DS18B20 读取温度数据,返回温度整数
{
    uint tempL,tempH;
    uint temp;
    ds18b20_reset();                         //DS18B20 初始化
    writebyte(0xCC);                         //跳过 ROM 检测
    writebyte(0x44);                         //启动温度转换
    ds18b20_reset();                         //DS18B20 初始化
    writebyte(0xCC);                         //跳过 ROM 检测
    writebyte(0xBE);                         //读暂存存储器
    tempL = readbyte();                      //读温度低位
    tempH = readbyte();                      //读温度高位
    temp = ((tempH* 256 + tempL) >> 4);
    return(temp);                            //只保留整数部分
}
//数码管第 1 位显示挡位(dang),第 2 位不显示,第 3、4 位显示温度值 d3、d4
void display()                               //显示温度,参数需要 dang、d3、d4
{
    w1 = 0;P0 = table[dang];delay(10);       //第 1 位,显示挡位
    P0 = 0x00;w1 = 1;delay(1);               //消隐
```

```c
    w2=0;P0=0x00;delay(10);              //第2位不显示
    P0=0x00;w2=1;delay(1);

    w3=0;P0=table[d3];delay(10);         //第3位
    P0=0x00;w3=1;delay(1);

    w4=0;P0=table[d4];delay(10);         //第4位
    P0=0x00;w4=1;delay(1);
}
void zi_keyscan()                        //按键扫描函数
{
    if(key1==0)                          //设置键按下
    {
        delay(10);                       //延时去抖
        if(key1==0)flag=1;               //再次判断按键,按下的话进入设置状态
        while(key1==0);                  //按键释放
    }
    while(flag==1)                       //进入设置上限状态
    {
        dang=17;d3=High/10;d4=High%10;   //显示字母H和上限温度值
        display();                       //调用显示函数
        if(key1==0)                      //判断设置键是否按下
        {
            delay(10);                   //延时去抖
            if(key1==0)flag=2;           //按键按下,进入设置下限模式
            while(key1==0);              //松手检测
        }
        if(key2==0)                      //加键按下
        {
            delay(10);                   //延时去抖
            if(key2==0)                  //加键按下
            {
                High+=1;                 //上限加1
                if(High>=100)High=100;   //上限最大加到100
            }
            while(key2==0);              //松手检测
        }
        if(key3==0)                      //减键按下
        {
            delay(10);                   //延时去抖
            if(key3==0)                  //减键按下
            {
                High-=1;                 //上限减1
```

```c
                if(High<=10)High=10;              //上限最小减到10
            }
            while(key3==0);                       //松手检测
        }
    }
    while(flag==2)                                //设置下限
    {
        dang=16;d3=Low/10;d4=Low%10;              //显示字母L显示下限温度值
        display();                                //以下注释同上
        if(key1==0)
        {
            delay(10);
            if(key1==0)flag=0;                    //退出设置状态
            while(key1==0);                       //松手检测
        }
        if(key2==0)
        {
            delay(10);
            if(key2==0)
            {
                Low+=1;
                if(Low>=95)Low=95;                //低温上限值
            }
            while(key2==0);                       //松手检测
        }
        if(key3==0)
        {
            delay(10);
            if(key3==0)
            {
                Low-=1;
                if(Low<=0)Low=0;                  //低温下限值
            }
            while(key3==0);                       //松手检测
        }
    }
}
void zi_dong()                                    //自动温控模式,根据温度定挡位、定显示模式、定电动机转速
{
    uchar i;
    d3=wen_du/10;d4=wen_du%10;                    //显示挡位,显示当前温度值
    if(wen_du<Low)                                //低于下限,挡位为0 电动机停止
    {
```

```
            DJ=0;
            dang=0;
            display();
            zi_keyscan();
        }
        else if((wen_du >= Low)&&(wen_du <= High))   //温度大于下限,小于上限1挡
        {
            dang=1;                                   //挡位置1
            for(i=0;i<2;i++){DJ=0;display();zi_keyscan();}
                                                      //通过延时得到 PWM
            for(i=0;i<6;i++){DJ=1;display();zi_keyscan();}
        }
        else if(wen_du>High)                          //高温全速
        {
            DJ=1;
            dang=2;
            display();
            zi_keyscan();
        }
    }
void main()                                           //主函数
{
    uchar j;
    DJ=0;                                             //电动机停
    High=30;
    Low=20;                                           //温度上下限值
    while(1)                                          //进入 while 循环
    {
        wen_du=ReadTemp();                            //读取温度值
        zi_dong();                                    //自动温控模式
    }
}
```

项目 23　涡流位移传感器的设计

当金属靠近涡流位移传感器的电感线圈时,由于电磁感应原理会使电感线圈的电感量发生变化,从而导致传感器 LC 振荡电路的振荡频率发生变化,利用单片机的定时/计数器结合分频器可以测量一定范围内变化的频率信号,从而实现对金属物体位移的间接测量。

学习目标

- 了解涡流位移传感器测量原理。
- 理解单片机测频的不同方法。
- 理解使用单片机进行频率电压转换的方法。

问题导入

如图 23-1 所示,设计一个基于单片机的涡流位移传感器,使用虚拟信号源模拟涡流位移传感器的输出方波频率信号,频率信号变化范围为 1.0 MHz ~ 2.0 MHz,使用 74HC160 对频率信号进行分频,通过单片机的定时/计数器对分频后的频率信号进行测量,将测得的频率信号线性转化为 20 mm 到 0 mm 的位移信号,通过 LCD1602 液晶显示测得的频率值与位移值,同时将测量的频率值按照线性比例转化为 0.0 ~ 2.5 V 的模拟量信号,供其他仪表采集处理。

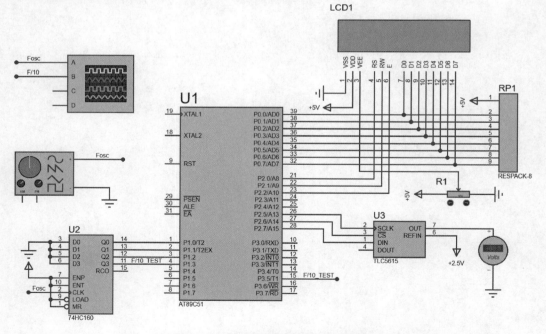

图 23-1　涡流位移传感器电路原理图

1. 涡流位移传感器工作原理

涡流位移传感器广泛用于非接触位置、位移和角度测量。采用电磁感应原理,可以精确测量金属目标的位置,甚至可以穿过非金属材料,例如塑料、液体和污垢对金属目标进行检测。涡流位移传感器的电感线圈通常工作在 LC 振荡电路中,当电感线圈由交流电流驱动时,会产生交变的磁场,并且在任何靠近的金属物体中感应出涡流,涡流会产生反向交变磁通,导致线圈电感探头的电感量下降。

如图 23-2 所示,电感线圈和被测金属构成的弱耦合变压器,被测金属的轴向移动会改变线圈的电感,LC 振荡电路的谐振频率计算公式为

$$f = \frac{1}{2\pi \sqrt{LC}} \tag{23-1}$$

因此,当电感变化时谐振频率会发生相应的非线性变化,该非线性可以通过软件或者硬件进行拟合消除。当金属靠近时,使用单片机对拟合后的谐振频率进行测量可以间接测量金属位移的线性变化。

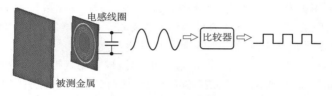

图 23-2 涡流位移传感器工作原理图(轴向移动测量)

涡流位移传感器电感线圈的形状是传感器的一个重要特性,因为它决定了线圈磁场的空间分布。例如,可以使用矩形线圈如图 23-3 所示,产生一个空间梯度均匀变化的磁场,当被测金属目标物体在线圈上方左右水平侧向移动时,可通过线圈电感量变化导致的谐振频率变化来测量金属的左右横向位移,即使被测金属在上下方向发生少许位移偏差,也不影响左右横向位移的测量。在图 23-3 中,被测金属在 0~20 mm 范围内运动,在 0 mm 时,电感线圈密集,因此被测金属表面产生的涡流最大,涡流会产生反向交变磁通,导致线圈的电感量在此位置达到最小,此时谐振频率为 2.0 MHz;当被测金属移动到 20 mm 时,电感线圈变稀疏,产生的涡流最小,电感线圈的电感值最大,此时谐振频率为 1.0 MHz。

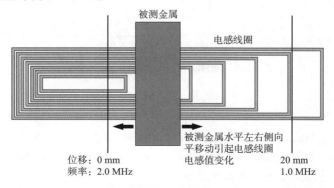

图 23-3 涡流位移传感器工作原理图(水平侧向平移测量)

2. 单片机测频原理

电信号在 1 s 内完成周期性变化的次数称为频率,常用赫兹(Hz)表示,简称赫。比如,正弦交流电,其频率是 1 MHz,也就是电信号在 1 s 内进行了 10^6 次周期性变化。单片机测频分为测频法和测周期法两种。

测频法:测量出固定时间 t 内的脉冲个数可以计算出频率。固定时间 t 常取 1 s,当被测频率较高时或者为了提高检测响应速度,固定时间 t 也可以选择 100 ms、10 ms、1 ms 等数值。例如:固定时间内测量得到的脉冲数为 n,则被测频率 $f = n/t$,t 的单位为 s。

测周期法:当被测频率较低时或者为了提高检测速度,还可采用对一个脉冲测量其周期的方式,根据公式 $f = 1/t$(t 表示被测量的一个脉冲信号的周期,单位为 s)可得到被测频率,例如:可以一次测量 n 个脉冲,假设每个脉冲的周期为 t,则被测频率为 $= 1/(tn)$。

3. 分频测量高频信号

当单片机的定时/计数器作为计数器时,计数脉冲来自外部输入引脚 T0 或 T1。当输入脉冲从"1"到"0"负跳变,即每一次下降沿时计数器数值将加 1,51 单片机在每个机器周期的 S5P2 时对外部信号采样。如在第一个周期中采样为 1,而在下一个周期中采样为 0,则确认一次下降沿跳变要花费两个机器周期的时间,因此 51 单片机能够检测到的外部输入脉冲的最高频率为时钟频率的 1/24。例如:51 单片机采用的晶振频率是 6 MHz,则能够计数的外部脉冲最高频率为 250 kHz;如果晶振频率是 12 MHz,则能够计数的外部脉冲最高频率为 500 kHz。当被测频率太高时,需要对频率进行分频处理,以满足单片机的测频要求。

74HC160 是一种 4 位二进制同步计数器,基于时钟信号和输入控制信号的变化来实现计数,其引脚分布与功能如图 23-4 所示。计数控制有 4 个引脚,分别是时钟引脚 CLK、异步清零引脚 CLR 和高使能引脚 ENP、ENT。CLR 引脚为低电平时,计数器清零。当 CLK 时钟信号发生变化,计数器会根据时钟信号的变化进行计数,ENP、ENT 两个使能引脚任意一个输入低电平时,计数器被禁用。LOAD 引脚输入低电平,为加载模式,计数禁止,A、B、C 和 D 输入的数据在 CLK 的上升沿被加载到计数器中。该芯片还提供一个串行进位(RC)输出,当 ENT 引脚为高,一旦计数器溢出,RC 输出正脉冲,可送到级联的 74HC160 以便实现多位计数器。

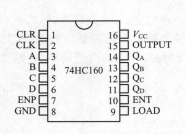

CLK	CLR	ENP	ENT	LOAD	功能
*	L	*	*	*	清零
*	H	H	L	H	计数&RC禁止
*	H	L	H	H	计数禁止
*	H	L	L	H	计数&RC禁止
↑	H	*	*	L	加载
↑	H	H	H	H	递增计数

注:*表示任意状态。

图 23-4 74HC160 引脚图与功能配置表

项目实现

被测金属在有效位移范围(0 ~ 20 mm)内移动时,涡流位移传感器谐振频率的变化范围为 2.0 MHz 到 1.0 MHz。图 23-5 所示为使用 Proteus 虚拟信号源(SIGNAL GENERATOR)产生方波信号,模拟涡流位移传感器输出的谐振频率信号。

使用 74HC160 对传感器频率信号进行 10 分频,将 1.0 MHz ~ 2.0 MHz 频率信号通过分频得到 100 kHz~200 kHz 频率信号送给单片机测量。采用测频法,为减小测量响应时间,测量的固定时间 t 常取 10 ms。如图 23-1 所示,将测的频率信号和转换为的位移信号在 LCD1602 液晶屏上进行显示,同时将采集的频率信号线性比例转换为模拟量输出,供其他仪表测量。涡流位移传感器程序中主要参数及典型值见表 23-1。程序流程图如图 23-6 所示。

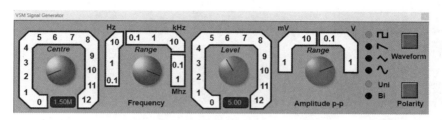

图 23-5 虚拟信号源模拟传感器输出的谐振频率信号

表 23-1 涡流位移传感器程序中主要参数及典型值

传感器参数	程序中变量	典型值				
位移量/mm	displacement	00.00	05.00	10.00	15.00	20.00
频率值/MHz	frequency	2.00	1.75	1.50	1.25	1.00
DAC 转换码值	code_dac	512	384	256	128	0
输出模拟电压/V		2.500	1.875	1.250	0.625	0.000

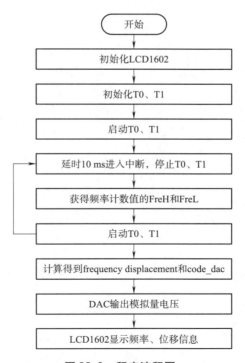

图 23-6 程序流程图

程序代码如下：

```c
#include <reg51.h>
#include <math.h>
#define uchar unsigned char
#define uint unsigned int
sbit RS = P2^0;                        //LCM1602寄存器选择引脚
sbit RW = P2^1;                        //LCM1602读写引脚
sbit EN = P2^2;                        //LCM1602使能引脚
sbit CLK = P2^5;                       //TLC5615时钟
sbit _CS = P2^6;                       //TLC5615片选
sbit D_IN = P2^7;                      //TLC5615输入
uint frequency;                        //测量频率值
uchar FreH;                            //测量频率值的高8位
uchar FreL;                            //测量频率值的低8位
uint displacement;                     //测量位移值
uint code_dac;                         //TLC5615转换码值

void delayms(uint i)                   //函数：延时ms
{
    unsigned int j = 0;
    for(;i>0;i--)
    for(j=0;j<125;j++);
}

void write_command(uchar command)      //函数：LCM1602写指令函数
{
    P0 = command;                      //送出指令
    RS = 0;RW = 0;EN = 1;              //写指令时序
    delayms(2);
    EN = 0;
}

void write_dat(uchar dat)              //函数：LCM1602写数据函数
{
    P0 = dat;                          //送出数据
    RS = 1;RW = 0;EN = 1;              //写数据时序
    delayms(2);
    EN = 0;
}

void init()                            //函数：LCM1602液晶屏初始化
{
```

```c
        write_command(0x01);                        //清屏
        write_command(0x38);                        //设置16×2显示,5×7点阵
        write_command(0x0C);                        //开显示,显示光标且闪烁
        write_command(0x06);                        //地址加1,写入数据时光标右移1位
}

void write_string(uchar x,uchar y,uchar * s)        //函数:在x列、y行开始写字符串s
{
    if(y==0)
        write_command (0x80|x);
    if(y==1)
        write_command (0x80|(x-0x40));
    while(*s>0)
    {
        write_dat(* s++);
        delayms(1);
    }
}

void write_dat_Lo(uchar x,uchar y,uchar dat)        //函数:在x列、y行开始写数据dat
{
    if(y==0)
        write_command (0x80|x);
    if(y==1)
        write_command (0x80|(x-0x40));
    write_dat(dat+48);
}

void wr5615(uint da)                                //DAC转换函数
{
    uchar i;
    da<<=6;                                         //将输入数字量移到da的高12位
    _CS=0;
    CLK=0;
    for(i=0;i<12;i++)                               //输入12位
    {
        D_IN = (bit)(da&0x8000);                    //由高位到低位依次送入
        CLK=1;
        da<<=1;
        CLK=0;
    }
    _CS=1;
```

```c
        CLK = 0;
}

void InitTimer(void)              //定时/计数器初始化函数
{
    TMOD = 0x51;                  //定时/计数器0设为定时器工作方式1;定时/计数器1设为
                                  //计数器工作方式1
    TH0 = 0xD8;                   //定时器0设置初值,定时10 ms
    TL0 = 0xF0;
    TH1 = 0x00;                   //计数器1设置初值,初始计数值为0
    TL1 = 0x00;
}

void timer0(void) interrupt 1     //定时器0中断函数
{
    TR1 = 0;                      //计数器1停止计数
    TR0 = 0;                      //定时器0停止定时
    FreH = TH1;                   //计数器1计数值的高8位赋给频率值的高8位
    FreL = TL1;                   //计数器1计数值的低8位赋给频率值的低8位
    TH0 = 0xD8;                   //定时器0设置初值,定时10 ms
    TL0 = 0xF0;
    TH1 = 0x00;                   //计数器1设置初值,初始计数值为0
    TL1 = 0x00;
    TR0 = 1;                      //重新启动定时器0
    TR1 = 1;                      //重新启动计数器1
}

void main(void)                   //主函数
{
    init();                       //LCM1602初始化
    InitTimer();                  //定时/计数器初始化
    ET0 = 1;
    EA = 1;
    TR0 = 1;
    TR1 = 1;
    delayms(10);                  //延时10 ms,等待完成第一次频率测量
    while(1)
    {
        frequency = FreH * 256 + FreL;
        //变量frequency:T0定时10 ms后T1中的计数值。当频率2.0 MHz,10分频后,
        //frequency值为2000;频率1.0 MHz,10分频后,frequency值为1000;
        displacement = abs(2000 - frequency) * 20;
```

```
                                        //变量displacement:将T1的计数值frequency(2000-1000)线性转换得到的位移数值
                                        //(00.000mm-20.000mm)
    code_dac = (frequency-1000)/1.953;
                                        //变量code_dac:将T1的计数值frequency(范围2000~1000)线性转换得到的DAC
                                        //的数字量码值(512~0)
    wr5615(voltage);  //DAC5615输出0~2.5 V,对应频率范围1.0 MHz~2.0 MHz

    write_string(0,0,"fre:");                    //显示测量的频率值
    write_dat_Lo(5,0,frequency/1000);            //频率数据的个位,单位为MHz
    write_string(6,0,".");                       //显示小数点
    write_dat_Lo(7,0,frequency%1000/100);        //频率数据小数点后第一位
    write_dat_Lo(8,0,frequency%1000%100/10);     //频率数据小数点后第二位
    write_dat_Lo(9,0,frequency%1000%100%10);     //频率数据小数点后第三位
    write_string(10,0,"MHz");                    //显示单位MHz

    write_string(0,1,"Dis:");                    //显示测量的位移值
    write_dat_Lo(5,1,displacement/10000);        //显示位移数据十位
    write_dat_Lo(6,1,displacement%10000/1000);   //显示位移数据个位
    write_string(7,1,".");                       //显示小数点
    write_dat_Lo(8,1,displacement%10000%1000/100);
                                                 //位移数据小数点后第一位
    write_dat_Lo(9,1,displacement%10000%1000%100/10);
                                                 //位移数据小数点后第二位
    write_string(10,1,"mm");                     //显示单位mm
    }
}
```

附录 A　Proteus 8 使用简介

Proteus 8 Professional 是一款由英国 Labcenter Electronics 公司开发的电子设计自动化（EDA）软件。具有设计原理图、PCB 自动或人工布线、SPICE 电路仿真、仿真处理器及其外围电路，它是目前比较好的仿真单片机及外围器件的工具。

1. Proteus 基本操作

（1）打开 Proteus 8 Professional 进入电路设计界面，如图 A-1 所示。

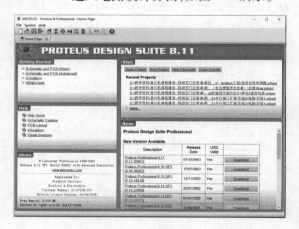

图 A-1　主界面

（2）创建新项目：菜单中选择 File→New Project 命令，将出现新建工程向导。首先输入项目名称并选择保存位置，如图 A-2 所示。

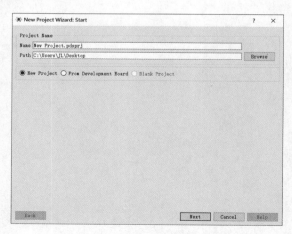

图 A-2　设置项目名称及路径

单击 Next 按钮,选择根据默认模板创建原理图(DEFAULT),如图 A-3 所示。

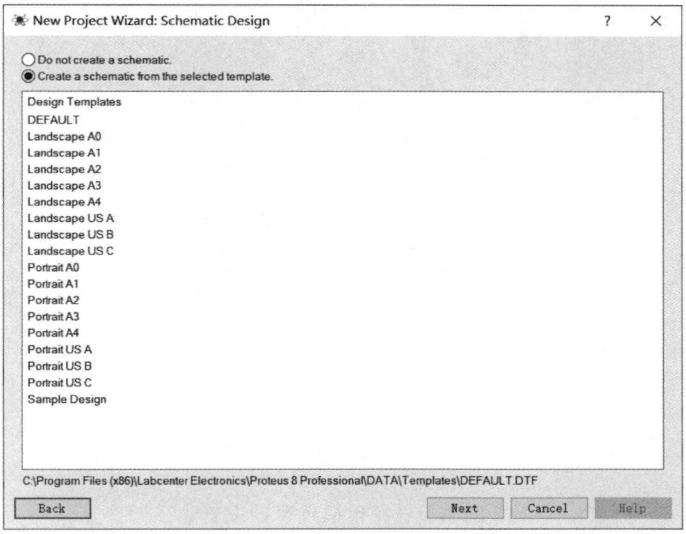

图 A-3　原理图创建

单击 Next 按钮,选择是否创建 PCB 图,或者根据模板创建 PCB 图,如图 A-4 所示。

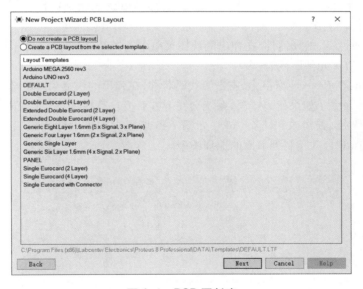

图 A-4　PCB 图创建

单击 Next 按钮,选择是否创建代码文件。Proteus 8.0 以上的版本自身支持汇编语言,自带源代码编辑、编译器,也可以支持 C51 语言的编译和调试,但需要计算机本身已经安装 Keil 或者 IAR 等可以编译 C51 语言的软件。

如果使用 C51 编程,使用 AT89C51 单片机,设置 Family 为 8051,Contoller 为 AT89C51,Compiler 为 Keil For 8051,此时工程包含 Source Code(源代码),如果不需要进行仿真,则可直接选择 No Firmware Project 即可,如图 A-5 所示。

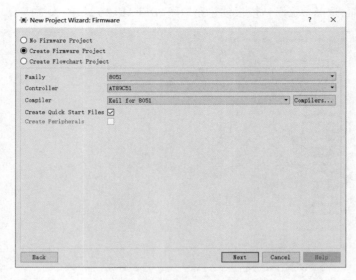

图 A-5　源代码编译器设置

(3)添加元件:在左侧工具栏中,选择"P"图标打开元件库。从库中拖放所需的单片机、外围元件和其他组件到工作区。

连接元件:使用连线工具将元件之间连接起来,模拟电路的物理连接。确保连接正确,以便单片机系统可以正常工作。

配置元器件属性:右击元器件,在弹出的快捷菜单中选择 Edit Properties 命令。配置单片机的时钟频率、电阻阻值等元件属性。

(4)代码编译:在 Projects 窗格中,右击源代码名称,在弹出的快捷菜单中选择 Build Project 或者 Rebuild Project 命令。如果代码错误,系统会在下方面板自动提示,单击错误提示,系统将自动跳转到出错的代码处,查错改错十分方便,如图 A-6 所示。如果编译无误,系统自动生成名为 Debug.hex 的文件,并自动复制到前面的原理图中。

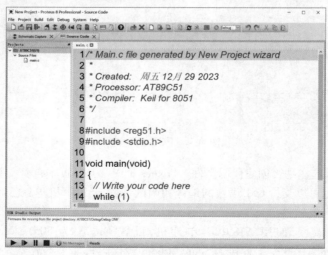

图 A-6　编译代码

（5）仿真设置：编译器、原理图、源代码都已准备好后，选择 Debug→Run Simulation 命令开始仿真。可以在仿真过程中观察元件的行为、信号波形和程序执行情况。

观察波形：在仿真过程中，可以打开 Virtual Instruments 面板，以观察不同元件引脚的信号波形和状态。

交互式调试：如果仿真出现问题，可以使用调试工具，例如单步执行、断点设置等，来逐步分析代码执行过程和电路行为，以找出问题所在。通过"仿真控制面板"暂停按钮启动调试或暂停，如图 A-7 所示。

图 A-7 仿真控制面板

在代码处双击，可设置断点，断点指示器（小红点）将出现在代码的左侧；再次双击即可取消。单击运行程序按钮，程序执行到断点代码处将自动停止。到达断点后，可以通过源代码窗口右上角或 VSM Studio 调试菜单中的常用命令单步执行。在 Debug 菜单中，选择所需要观测的参数，可以观看 8051 CPU Registers、8051 CPU SFR Memory、8051 CPU Source code、Variables 等具体参数。

2. 常用器件名称列表

常用器件名称列表见表 A-1。

表 A-1 常用器件名称列表

名称	器件	名称	器件	名称	器件
SWITCH	开关	BUTTON	按钮	LED-YELLOW	发光二极管（黄）
LED-BIBY	发光二极管	DIODE	二极管	MATRIX	8×8 点阵
7SEG-COM-ANODE	共阳极数码管	7SEG-COM-CATHODE	共阴极数码管	BATTERY	直流电源
AT89C51	单片机	LM016L	常用字符型液晶	RESPACK-8	阻排
RES	电阻	POT-LIN	可变电阻	74LS164	8 位移位寄存器
CAP	无极性电容	CAP-ELEC	极性电容	MOTOR	电动机
74HC273	常用锁存器	LAMP	灯泡	SOUNDER	发声器
SPEAKER	扬声器	BUZZER	蜂鸣器	74LS08	与门
74LS00	与非门	74LS04	非门	ADC0808	A/D 转换器
RELAY	继电器	DAC0832	D/A 转换器	DS1302	时钟芯片
PNP	三极管	NPN	三极管	POWER	电源
24C04A	EEPROM	BUS	总线		
GROUND	地	CRYSTAL	晶振		

附录 B 特殊功能寄存器列表

特殊功能寄存器列表见表 B-1。

表 B-1 特殊功能寄存器列表

符号	地址	功能介绍						
B	F0H	B 寄存器						
ACC	E0H	累加器						
PSW	D0H	程序状态存储器						
		CY	AC	F0	RS1	RS0	OV	—	P
		D7	D6	D5	D4	D3	D2	—	D0
IP	B8H	中断优先级控制寄存器						
		—	—	—	PS	PT1	PX1	PT0	PX0
		—	—	—	BC	BB	BA	B9	B8
P3	B0H	P3 口锁存器						
IE	A8H	中断允许控制寄存器						
		EA	—	—	ES	ET1	EX1	ET0	EX0
		AF	—	—	AC	AB	AA	A9	A8
P2	A0H	P2 口锁存器						
SBUF	99H	串行口数据缓冲器						
SCON	98H	串行口控制寄存器						
		SM0	SM1	SM2	REN	TB8	RB8	TI	RI
		9F	9E	9D	9C	9B	9A	99	98
P1	90H	P1 口锁存器						
TH1	8DH	定时/计数器 1 计数寄存器(高 8 位)						
TH0	8CH	定时/计数器 0 计数寄存器(高 8 位)						
TL1	8BH	定时/计数器 1 计数寄存器(低 8 位)						
TL0	8AH	定时/计数器 0 计数寄存器(低 8 位)						
TMOD	89H	定时/计数器方式控制寄存器						
		GATE	C/$\overline{T}$	M1	M0	GATE	C/$\overline{T}$	M1	M0
TCON	88H	定时/计数器控制寄存器						
		TF1	TR1	TF0	TR0	IE1	IT1	IE0	IT0
		8F	8E	8D	8C	8B	8A	89	88

续表

符号	地址	功能介绍							
DPH	83H	数据地址指针寄存器(高8位)							
DPL	82H	数据地址指针寄存器(低8位)							
SP	81H	堆栈指针寄存器							
P0	80H	P0口锁存器							
PCON	87H	电源控制寄存器							
		SMOD	—	—	—	GF1	GF0	PD	IDL

附录 C 图形符号对照表

图形符号对照表见表 C-1。

表 C-1 图形符号对照表

序号	名称	国家标准的画法	软件中的画法
1	发光二极管		
2	二极管		
3	极性电容器		
4	晶振		
5	电感器		
6	带磁芯的电感器		
7	按钮开关		

续表

序号	名称	国家标准的画法	软件中的画法
8	晶体管		
9	电动机		
10	蓄电池		
11	扬声器		
12	或非门		
13	与门		
14	或门		

参 考 文 献

[1] 黄惟公,邓成中. 单片机原理与接口技术:C51版[M]. 成都:四川大学出版社,2012.
[2] 林立,张俊亮. 单片机原理及应用:基于Proteus仿真[M]. 北京:电子工业出版社,2022.
[3] 李晓林,李丽宏,许鸥,等. 单片机原理与接口技术[M]. 北京:电子工业出版社,2020.
[4] 张毅刚,彭喜元. 单片机原理与应用设计[M]. 北京:电子工业出版社,2008.
[5] 江世明,黄同成. 单片机原理及应用[M]. 北京:中国铁道出版社,2010.
[6] 胡启明,葛祥磊. Proteus从入门到精通100例[M]. 北京:电子工业出版社,2012.
[7] 陈海宴. 51单片机原理及应用:基于Keil C与Proteus[M]. 2版. 北京:北京航空航天大学出版社,2013.
[8] 侯殿有. 单片机C语言程序设计[M]. 北京:人民邮电出版社,2010.
[9] 石从刚,宋剑英. 基于Proteus的单片机应用技术[M]. 北京:电子工业出版社,2013.
[10] 王静霞. 单片机基础与应用:C语言版[M]. 北京:高等教育出版社,2016.
[11] 陈勇,程月波,荆蕾. 单片机原理与应用:基于汇编、C51及混合编程[M]. 北京:高等教育出版社,2014.
[12] 张欣,张宏昌,尹霞. 单片机原理与C51程序设计基础教程[M]. 北京:清华大学出版社,2010.